"十二五"职业教育国家规划教材
经全国职业教育教材审定委员会审定

高等职业院校专业核心课程新模式系列教材
金志涛◎总主编

主体教材

机械设计基础

JIXIE SHEJI JICHU

刘　慧　牟红霞◎主　编
孙爱春　刘　涛　赵国霞◎副主编
宋守彩　唐国英　金清强◎参　编
赵秀华　孙兆冰　丛云飞

教育科学出版社
·北　京·

出 版 人　所广一
责任编辑　胡　嫄
版式设计　北京八度出版服务机构　杨玲玲
责任校对　贾静芳
责任印制　叶小峰

图书在版编目（CIP）数据

机械设计基础／刘慧，牟红霞主编．—北京：教育科学出版社，2015.12（2021.1重印）
"十二五"职业教育国家规划教材　高等职业院校专业核心课程新模式系列教材
ISBN 978-7-5041-9362-9

Ⅰ．①机…　Ⅱ．①刘…　②牟…　Ⅲ．①机械设计—高等职业教育—教材　Ⅳ．①TH122

中国版本图书馆CIP数据核字（2015）第016949号

"十二五"职业教育国家规划教材　高等职业院校专业核心课程新模式系列教材
机械设计基础
JIXIE SHEJI JICHU

出版发行	教育科学出版社		
社　　址	北京·朝阳区安慧北里安园甲9号	市场部电话	010-64989009
邮　　编	100101	编辑部电话	010-64989443
传　　真	010-64891796	网　　址	http://www.esph.com.cn
经　　销	各地新华书店		
制　　作	北京博祥图文设计中心		
印　　刷	保定市中画美凯印刷有限公司		
开　　本	787毫米×1092毫米　1/16	版　　次	2015年12月第1版
印　　张	13.75	印　　次	2021年1月第2次印刷
字　　数	232千	定　　价	42.00元

如有印装质量问题，请到所购图书销售部门联系调换。

机械制造与自动化
专业核心课程教材编审委员会

总　序

为适应高等职业院校人才培养模式和教学模式改革的需要，按照教育部近年来一系列文件精神的要求以及国家示范性（骨干）高等职业院校专业建设的思路，我们在总结实践经验的基础上，对高等职业院校的教材建设进行了积极的研究和探索，认真吸取和借鉴了国外职业教育教材的成功做法，联合一批教育教学理念先进、专业和课程改革成效突出的高等职业院校，经过七年多的努力，在教材的开发和创新上取得了一些积极的进展和一定成效。我们所做的“高职立体化教材建设研究与实践”项目，荣获 2014 年山东省职业教育教学成果一等奖、2014 年职业教育国家级教学成果二等奖。根据目前教材研究和开发的成果，我们计划推出一套《高等职业院校专业核心课程新模式系列教材》。

该系列教材是国家示范性（骨干）高等职业院校项目建设成果的展示。国家示范性（骨干）高等职业院校项目实施以来，各示范性（骨干）院校以专业建设为核心，在重点加强课程和教学内容改革、双师素质和双师结构教学团队建设、实验实训条件建设等方面取得了突破性进展，尤其是在工学结合的人才培养模式、注重高职特色的专业建设、行动导向和基于工作体系的课程体系构建和教学内容改革等方面进行了大胆创新，形成了一批阶段性重要成果。这些成果需要及时总结、转化和推广，以发挥国家示范性（骨干）高等职业院校的引领和辐射作用。加强教材建设无疑是总结、固化和应用这些成果的有效途径。

当前，部分高等职业院校高职教育人才培养目标尚不十分清晰，在某种程度上仍沿用了普通本科院校学科体系的教学模式，其中高职教材建设观念陈旧、内容老化，很多高职教材基本上是普通本科教材的“压缩饼干”。高职教材建设严重滞后的状况已经严重影响着高职教育人才的培养。因此，高职教育教学观念和理念的更新、教育教学的改革必须从专业建设、课程建设和教材建设抓起。可见，高等职业院校专业核心课程新模式教材的探索与建设是事关高职人才培养至关重要的一件大事。所以，以教材建设为突破口，也是推动高等职业院校教学模式实现根本性转变的重要途径。

国家示范性（骨干）高等职业院校在项目建设过程中，大都注重学习德国、加拿大、澳大利亚、新加坡、韩国等发达国家的先进职业教育理念，尤其是学习与借鉴了德国基于工作过程的课程建设理念，开发了一批理念比较先进、行动导向或基于工作过程的优质专业核心课程，其中一批优质课程已建成了国家级、省级精品课程，同时还编写了一大批项目导向、任务驱动、工学交替等具有工学结合特色的校内讲义。所有这些都为《高等职业院校专业核心课程新模式系列教材》的开发奠定了基础。依托这些已经取得的建设成果，进行工学结合新模式教材开发具有现实可行性。

为此，我们按照教材建设的规律，坚持理念先进和质量优先的原则，在研究探索的基础上试编试用了一批工学结合新模式教材。教材的开发必须通过探索、建设、试用、修订、推广等过程，要经过一个或几个人才培养周期才能逐步定型、成熟。因此，首期工程推出的该系列教材拟选定 10 个左右专业，每个专业确定 5～6 门核心课程，共建设 50～60 套教材，然后再根据该系列教材的建设情况确定后续的建设工程。

首批纳入教材编写计划的 10 个左右专业，拟在参与教材编写的国家示范性（骨干）高等职业院校的重点建设专业或专业群中遴选。可以参考的专业大类是：机械制造类、机电一体化类、电子信息类、汽车维修类、建筑工程类、经济管理类等。这些专业必须经过充分的行业企业调研、职业岗位分析，已经完成课程体系的构建，体现职业核心能力培养的专业核心课程建设达到了先进水平。

对该系列教材的建设，我们力求按照职业能力培养的要求，创新工学结合的人才培养模式，基于行动导向或工作过程导向，立足于课程体系的重构和课程内容的重组，彻底摆脱以往学科体系和以单纯知识传授为主的教学内容设计，并改革以教师为中心、以课堂为中心的传统教学模式，大力推行行动导向的工学结合教学组织与实施模式。在该系列教材的编写中，我们力求达到以下具体要求。

第一，必须采用工学结合的新模式编写。根据不同专业、不同课程的特点，可以探讨教材的多种表现形式，比如基于工作过程的学习领域课程、项目导向课程、任务驱动课程、案例引导课程，等等。按照传统学科体系或“三段式”教学模式编写的教材不再列入该教材项目。

第二，在对岗位或岗位群进行充分调研的基础上，邀请行业企业专家共同参与，从典型的工作任务分析确定行动领域、从行动领域分析确定学习领域，从而完成专业课程体系的构建。在专业课程体系构建的基础上，再从岗位关键能力、职业关键能力分析入手，确定专业核心课程。

第三，教材内容要从校企合作中来，从工作、生产岗位中来。教材建设必须要有行业企业的充分参与，编写者要了解和掌握行业企业的实际需求，把新技术、新工艺、新方法及时纳入教材内容当中，坚决杜绝闭门造车。同时，注意借鉴和吸收国内外教材编写的先进理念，使编写的教材具备鲜明的高职教育特色。

第四，教材建设既要坚持职业性原则，也要坚持教育性原则。职业性原则是按需求导向进行职业分析，解决的是职业教育的教学内容是什么、从哪来等问题。教育性原则要求遵循教育规律和人才培养规律对教学内容做系统性或体系化归纳，而不是在课程中简单地还原职业能力或简单地复制工作过程。在职业性原则和教育性原则指导下，可以将工作任务设计成学习性任务，将学习内容按工作体系或行动逻辑体系、从简单到复杂的认知规律、从低级到高级的职业成长规律等进行序化设计。

第五，职业教育教材作为职业知识和技能的载体，必须重视将标准、安全、环保等职业要素融入教材中。标准知识包括职业资格标准、岗位工作标准、产品生产标准、质量技术标准等；安全知识包括现场环境安全认知、工作和劳动安全与防护、工具和设备使用与操作安全等；环保知识包括生态环保意识和行为的树立与养成，对生产中废气、废水、废物的认知及处理等。

第六，教材形式应是形象化、动态化、可视化、立体化的。根据多元智能理论和高职教育对象的特殊性，充分利用现代教育技术和网络信息技术手段，力求实现教材内容的形象化、动态化、可视化、立体化，以达到技能型人才培养的目的。同时，要研究不同表现媒体的特点和优势，处理好纸质、电子、网络等不同表现媒体之间的关系，而不是将课程内容简单地从一种媒体形式转移到另一种媒体形式。

第七，加强工学结合教学资源的开发，建设教材的助教和助学系统。着力开发建设从教学计划、教学方案到教学指导等教师助教系统，以及建立在模拟的、动态的、二维或三维的、视频的等丰富教学资源基础上的学生助学系统。

第八，依托共享资源平台，实现该系列教材的开放性。通过课程网站的建设，为该系列教材提供一个强大的后台支持，以实现教学内容的更新、教学资源的充实与调整、教与学的实时交流等，体现课程建设的动态性、交互性和共享性。同时，可为广大高职学生提供一个超越时空的自助学习平台。

通过努力，我们着重在以下方面实现教材创新，并力求形成特色。

教材设计的动态化。教材不仅是知识、技能的载体（学什么），同时也是教学流程的设计（如何教），通过一系列课程组织与实施活动，引导学生自主学习（怎么学）。这种教学模式不是独立存在的，而是隐含在课程开发和教材设计之中。“工学结合”“工学循环与交替”“教、学、做一体”等教学组织与实施形式，是高职教育教学和人才培养的内在要求，是以行动导向为特征的。所以，职业教育教材必须将工作岗位实践活动、完成工作任务的过程等还原为活化的、动态化的内容，即教材内容要活、表现形式要活、学习方法要活，更重要的是要活用起来。换句话说，教材怎么使用必须事前设计出来，对以学生为主、教师指导、工学结合的教学组织要有一个系统设计。

教材内容的可视化。高职教育培养对象是多元智能类型中的一个特定群体。他们以形象思维见长，行为模仿力强，实践性智力突出，而不太擅长抽象的概念、原理、范畴等数字化、符号化的逻辑思维。因此，我们必须结合课程建设，在注重将更多的教学内容进行情境化设计的同时，在教材编写过程中将一些难以理解的概念、定义、定律、术语等内容，以图示、图片、逻辑图、流程图等多种形式，替代以往单纯的文字性抽象表述，尽可能地将教材内容演绎、简化、诠释为可视化、形象化的学习内容，从而降低学生学习的难度，提高学生自主学习的效率和效果。

教材表现的立体化。立体化不仅是指采用多媒体形式立体地、多角度地表现教材的内容，更重要的是要把教材设计成一个教与学的互动系统，在教与学的过程中让多媒体学习资源立体地交互、联动起来。通过这些丰富的立体化学习资源让学生穿梭于教、学、做之间，达到既按教学规律循序渐进学习知识与技能，又能激发学生自主学习的意识和兴趣，调动学生自身学习潜能的目的，从而让学生在自主学习兴趣的驱动下，在自主学习的过程中更多地构建起自己的知识和方法能力。

教材模式的体系化。工学结合新模式教材是一套系统化的教材，以主体教材为核心，构建了主体教材、自主学习手册、助学系统、助教系统和教材网站五个部分。这五个部分不仅表现形式不同，更重要的是各个部分之间相互关联、相互补充和相互联动，按照职业教育的发展规律和循序渐进的知识与技能学习规律，形成了一套完整的教与学的资源系统。

按照这样的要求和特点加强教材的研究与开发，对于引导高职教育实现人才培养模式的转变、推动高职教育模式的转型具有重要意义，但也是一项难度很大、复杂的系统工程。因此，我们一方面通过整合品牌、编审、发行、推广等出版资源，合力搭建高水平、新模式高职教材的研发与建设平台。另一方面在坚持质量优先原则的基础上，我们适当扩大该系列教材参与研发的院校面，为新的高职教学理念和课程模式，以及该系列教材的推广使用创造有利条件。

为确保该系列教材的编写质量，我们实行总主编制和主编制项目管理。

主编及参编骨干人员主要由各参编院校国家级、省级、校级的教学名师、优秀教学团队带头人、精品课程负责人以及具有行业企业背景且具有高职教育资源开发能力、在本专业有较高影响力的“双师型”教师，以及行业企业专家构成。主编人员由国家示范性（骨干）高等职业院校的教师担任。参编人员原则上应是所在院校专业建设和课程开发的带头人。

该系列教材所进行的仅仅是一种新模式的初步探索，因此，需要一个动态调整的长期过程来不断完善和提高。我们期望通过该系列教材的研究开发和编辑出版，促进广大高等职业院校与行业企业的专家、学者积极参与该系列教材的探索与创新，及时总结、反馈教材规划设计和推广使用过程中存在的问题，集众人之智，持之以恒，为建设能够真正体现高职教育特征的教材而不懈努力，从而带动我国高等职业院校教材建设整体水平的提高。

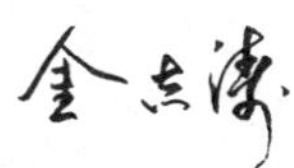

前　　言

教材不仅是课程内容的重要载体，而且是教学流程的设计和再造，它对于规范教学内容、有效组织教学活动，提高人才培养质量发挥着不可或缺的重要作用。近年来，在我国高等职业教育教学改革过程中，观念与理念更新、教学内容与教学模式改革、人才培养模式转变推动了专业建设和课程建设，我们适应这种变革，积极开展了基于工作体系、生产过程、行动导向等的教材理念、教材功能、教材体例等的研究与创新，并注重应用实践。在“高等职业院校专业核心课程新模式系列教材”编写原则和要求的指导下，通过校企合作和广泛的行业企业调研，我们对机械设计基础课程教材进行了内容改革和模式创新。将机械设计基础的课程内容进行了系统化、规范化和体系化设计，以主教材为核心，构建了由主体教材、自主学习手册、助学、助教系统和教材网站 5 部分组成的“五位一体”新模式教材——《机械设计基础》。

一、教材模式

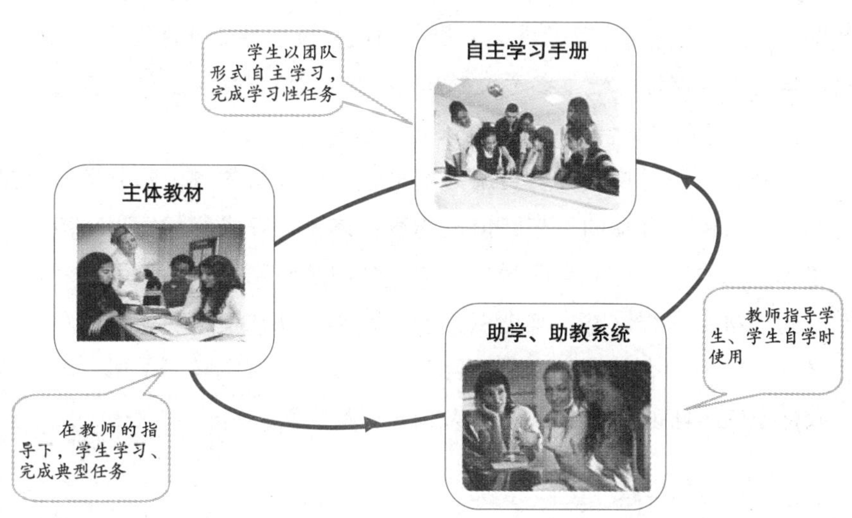

主体教材采用纸质媒体，是课程的骨干部分，综合体现了整个课程的内容体系。为满足高素质技术技能型专门人才培养目标的要求，本主体教材的内容结合最新版本的《机械设计手册》，整合了机械设计基础等课程的相关内容；并以多个学习性任务为载体，通过项目导向、任务驱动等多种“情境化”的表现形式，突出过程性知识，引导学生学习相关知识，获得经验、诀窍、实用技术、操作规范等与岗位能力形成直接相关的知识和技能，使其知道在实际岗位工作中“如何做”“如何做会做得更好”。基于机械设计基础的知识逻辑和工作过程导向的要求，本主体教材安排了“机器与机构”“执行机构设计”“传动机构设计”“轴系零部件设计”“连接零件设计”等 5 个单元，共 13 个任务。

自主学习手册同样采用纸质媒介，体现了学习和训练的工具性，其主要功能是紧密配合主体教材，在教师的引领下调动多种手段，按照知识与技能学习的规律和步骤，通过学习性任务书等设计，引领学生自主完成具体的学习性任务。自主学习手册注重将一些“潜知识”设计在任务、案例等教学载体中，通过启发、引导、讨论、实际操作，让学生通过自主学习在完成学习性任务与拓展任务的过程中建构相应的知识。

助学系统是基于网络空间，主要包括多媒体课件、动画学习资源、图片资源、三维资源、虚拟仿真资源、技能与知识拓展资源等引导学生自主学习的系统性资源。

助教系统是基于网络空间，通过形象化、三维化、多样化的形式展现教材相关内容，指导教师开展教学工作。教师还可利用助教系统中配置的课程建设思路及方法、教学条件与教学资源、教学实施方案等系列资源，进行课程的二次开发，改进教学模式与教学方法。助教系统主要包括专业课程体系构建、课程设计与建设、课程标准（参考）、教学条件与教学资源、教学实施建议、参考教案、多媒体教学课件、任务实施参考方案等。

教材网站是通过搭建教材资源共享平台，使教材的各个部分有机衔接起来，构建开放的、互动的、与时俱进的教材体系，在内容和使用功能上形成一个整体。同时可为广大高职学生提供一个超越时空的自助学习平台。教材网站不同于精品课程网站，其重点突出了助学、助教使用功能，是对纸质教材、光盘资源的动态补充，主要栏目有主体教材、自主学习手册、教与学资源、教材推广与培训、自主学习中心、在线交流等。

二、教材特点

本教材通过理念和模式创新形成了以下特点和创新点。

➢ 基于职业岗位分析，系统化、规范化地构建课程体系。

➢ 通过教、学、做之间的引导和转换，使学生在学中做、做中学，潜移默化地提升岗位管理能力。

➢ “五位一体”的教学设计，强调自主学习、互动式学习。以主体教材为基础，以自学手册为导向，以助学系统为辅助，发挥多媒体学习资源优势，激发学生的学习兴趣。

➢ 通过图示、图片、逻辑图等形式展现学习内容，降低学生的学习难度，培养学生的兴趣和信心，提高学生自主学习的效率，增强学习效果。

➢ 注重岗位素质的培养，通过操作规范、安全操作等知识的学习，提高学生的职业素养。

三、教材使用体例

1. 小栏目使用体例

为了激发学生的学习兴趣，结合课程内容，主体教材设置了“多学一点”“提示”“想一想”“做一做”“小知识”等小栏目。同时，为帮助学生掌握学习方法、交互使用教学资源，在主体教材、自主学习手册、教材网站学习资源等模块之间，设计了诸如手册引示、学习空间引示、网站链接、旁注等“学习导引”，并安排在主体教材和自主学习手册页面的旁边，即“旁引（旁注）”。

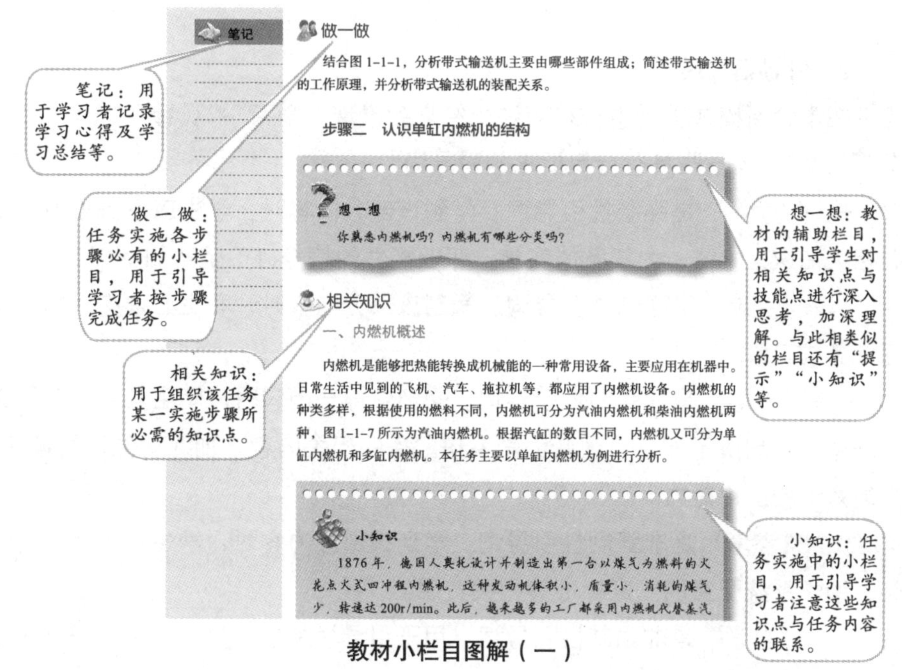

教材小栏目图解（一）

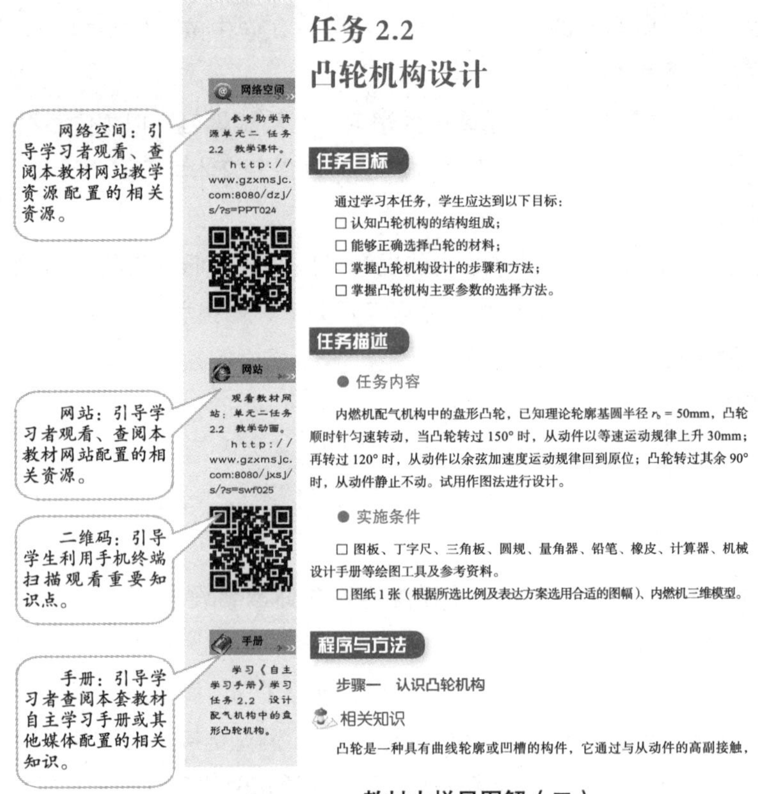

网络空间：引导学习者观看、查阅本教材网站教学资源配置的相关资源。

网络空间

参考助学资源单元二 任务2.2 教学课件。http://www.gzxmsjc.com:8080/dzj/s/?s=PPT024

网站：引导学习者观看、查阅本教材网站配置的相关资源。

网站

观看教材网站：单元二任务2.2 教学动画。http://www.gzxmsjc.com:8080/jxsj/s/?s=swf025

二维码：引导学生利用手机终端扫描观看重要知识点。

手册：引导学习者查阅本套教材自主学习手册或其他媒体配置的相关知识。

手册

学习《自主学习手册》学习任务2.2 设计配气机构中的盘形凸轮机构。

任务 2.2

凸轮机构设计

任务目标

通过学习本任务，学生应达到以下目标：

□ 认知凸轮机构的结构组成；

□ 能够正确选择凸轮的材料；

□ 掌握凸轮机构设计的步骤和方法；

□ 掌握凸轮机构主要参数的选择方法。

任务描述

● 任务内容

内燃机配气机构中的盘形凸轮，已知理论轮廓基圆半径 r_b = 50mm，凸轮顺时针匀速转动，当凸轮转过 150° 时，从动件以等速运动规律上升 30mm；再转过 120° 时，从动件以余弦加速度运动规律回到原位；凸轮转过其余 90° 时，从动件静止不动。试用作图法进行设计。

● 实施条件

□ 图板、丁字尺、三角板、圆规、量角器、铅笔、橡皮、计算器、机械设计手册等绘图工具及参考资料。

□ 图纸 1 张（根据所选比例及表达方案选用合适的图幅）、内燃机三维模型。

程序与方法

步骤一 认识凸轮机构

相关知识

凸轮是一种具有曲线轮廓或凹槽的构件，它通过与从动件的高副接触，

教材小栏目图解（二）

2. 引导词性质

在本套新模式教材中，在旁注中经常会出现“学习”“观看”“自学”“参考”“完成”等一些具有特定要求的引导词。

——“学习”是强制性引导词。学到该部分内容时，学生应系统学习、掌握相关知识、方法，为任务的实施、职业能力的培养打下坚实的基础。

——“完成”是强制性引导词。学到该部分内容时，学生必须完成相关学习任务或工作。

——“观看”是非强制性引导词。学到该部分内容时，学生若对相关知识不理解或者理解不深，可观看助学系统配备的相关内容，加深对知识的理解，提高知识的应用能力。

——“参考”是非强制性引导词。学到该部分内容时，学生可参考教材网站、助学系统配置的国家标准等相关资源。

——“自学”是非强制性引导词。用于引导学生自主学习相关知识、拓宽知识面。

3. 旁注图标说明

图 标	功 能	使用说明
	笔记图标，教材中设计的空白处可用于做学习笔记	提倡学生将学习心得、领悟体会、问题思考等随手记下，养成在自主学习中记录学习笔记的良好习惯
	从主体教材引导到自主学习手册，或从自主学习手册引导到主体教材的图标	引导学生学习时，在主体教材和自主学习手册之间按照所提示的相关内容进行互相转换，以提高学习效率
	从主体教材或自主学习手册引导到助学系统（网络空间资源）的图标	引导学生拓展学习、完成学习性任务时，按照提示的相关要求，交互使用光盘中丰富的可视化、动态化、立体化资源
	从主体教材或自主学习手册引导到教材网站的图标	引导学生通过主动使用教材网站，分享更多的网络教学资源，建构自主学习模式，实现同学之间、师生之间的教学互动、在线交流等
	学习资源二维码，实现手机在线学习功能	引导学生通过手机扫描二维码，点播与学习内容相关的视频、图片、动画、幻灯片等学习资源，帮助学生建构自主学习模式，实现在线学习

四、其他

本教材由威海职业学院院长金志涛教授担任总主编。总主编负责本教材的系统策划、编写提纲审定和编写过程总把关，并对该书稿内容进行了多次认真审阅，针对理念贯彻、框架结构、内容选取、编写体例、语言文字等细节问题提出了许多明确的修改指导意见，最终提交的书稿至少经历了五轮修改。

本教材由威海职业学院、山东职业学院、山东交通技师学院等院校合作完成。刘慧、牟红霞作为本教材主编主持了结构设计、内容选取和主体内容的编写。刘慧、牟红霞编写了单元一、单元二、单元四、单元五等内容。威海职业学院孙爱春、山东交通技师学院刘涛、山东职业学院赵国霞作为副主编编写了单元二、单元三、单元四等内容。威海职业学院宋守彩、唐国英，威海博通热电股份有限公司金清强，山东职业学院孙兆冰、赵秀华等参编了单元二、单元四、单元五等内容。

威海职业学院曲桂东教授、谭在仁老师协助总主编做了本教材编写、出版和培训的相关组织与协调工作，张永岗、邵智飞为本教材提供了网络信息技术支持。

本教材在编写过程中得到了威海天诺数控有限公司、威海广泰空港有限公司、华东数控有限公司、威海云峰电梯有限公司等的大力支持。编写过程中参考了多部与机械设计基础相关的教材。在此，对给予支持的企业和作者深表感谢!

本教材在编写理念、结构、内容、体例等方面进行了大胆探索和创新，难免存在一些不足之处，希望广大读者提出批评或改进建议。

本教材适应于实行行动导向教学模式的高职院校专业教学、企业工程技术人员培训以及学习过机械基础、机械制图等知识的初学者。

目　录

机器与机构

随着社会生产力的不断发展，在现代生产和日常生活中，机器已成为代替或减轻人类劳动、提高劳动生产率的重要手段。使用机器的水平，即机械化程度的高低，是衡量一个国家现代化程度的重要标志。同时，不论是集中进行的大批量生产，还是分散进行的多品种、小批量生产，只有使用合理机器才能便于实现产品的标准化、系列化和通用化，乃至实现产品生产的高度机械化、电气化和自动化。因此，设计、制造和广泛使用各种各样的机器是促进国民经济发展，加速我国社会主义现代化建设的重要内容。

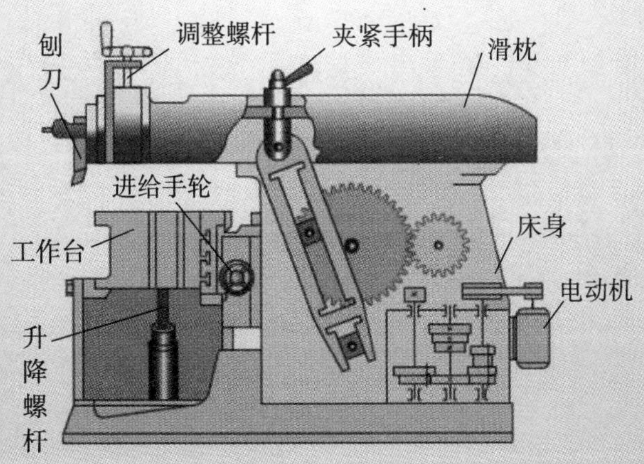

任务 1.1
认知机器与机构

笔记

任务目标

通过学习本任务，学生应达到以下目标：

□ 了解机器的作用；

□ 熟悉机器的组成；

□ 熟悉机器与机构的区别和联系；

□ 掌握构件与零件的区别和联系。

任务描述

● 任务内容

通过对带式输送机和单缸内燃机的结构、工作原理和类型进行介绍，初步了解零件、构件等基本知识，并在此基础上，进一步总结出机器、机构的整体性概念，以及机器与机构的异同等关于机械的综合性知识，为后面各单元学习任务的完成奠定基础知识。

网络空间

参考助学资源单元一任务 1.1 教学课件。

● 实施条件

□ 机械设计手册。

□ 带式输送机、单缸内燃机的实物和三维模型，以及拆装机器的工具等。

程序与方法

相关知识

一、机器的作用

机器是人们根据使用要求而设计制造的一种执行机械传动的装置，用来转换或传递能量、物料与信息，从而代替或减轻人类的体力劳动和脑力劳动。

手册

学习《自主学习手册》：单元一任务 1.1 学习导引。

二、机器的组成

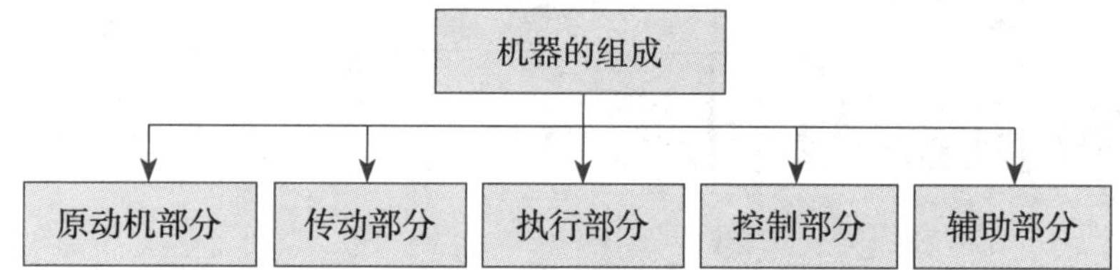

步骤一　认识带式输送机的结构

相关知识

带式输送机作为连续运输机械广泛应用于码头、煤矿、冶金、粮食、造纸等行业，其作用是将驱动装置提供的扭矩传到输送带上，并利用带的静摩擦力来传送物料。带式输送机主要由电动机、带传动、减速器、联轴器、卷筒和输送带组成（见图 1-1-1）。

网络空间

观看教材网站：单元一任务 1.1 教学视频。

图 1-1-1　带式输送机

（一）电动机

电动机属于机器中的动力部分，是机器的动力来源。它将电能转换为机械能。三相异步电动机如图 1-1-2 所示。

图 1-1-2　三相异步电动机

（二）带传动

带传动属于机器中的传动部分。按工作要求将动力部分的运动和动力传递给工作部分的中间环节。带传动属于常用机械传动中应用很广泛的传动形式之一，一般分为摩擦带传动（见图 1–1–3）和啮合带传动（见图 1–1–4）。

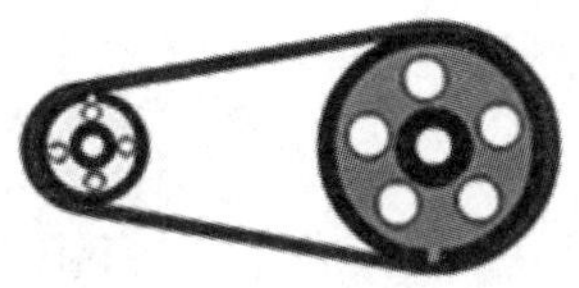

图 1–1–3　摩擦带传动

图 1–1–4　啮合带传动

（三）减速器

减速器为机械传动中的部件，是原动机与工作机之间的减速传动装置，起到降低转速和增大转矩的作用（见图 1–1–5）。

（四）联轴器

联轴器是机械传动中常用部件，用来连接两根轴使之一同回转并传递转矩，有时也可用作安全装置。用联轴器连接的两根轴，只有在机器停止运转后，经过拆卸才能把它们分离（见图 1–1–6）。

图 1–1–5　单级圆柱齿轮减速器

图 1–1–6　联轴器

这里涉及的部件是指为完成同一使命在结构上组合在一起（可拆或不可拆）并协同工作的零件的组合，如减速器和联轴器就是带式输送机的部件。

（五）卷筒和输送带

卷筒和输送带是机器中的执行部分，是直接实现带式输送机功能、完成生产任务的重要部分。

笔记

网络空间

参考教学资源单元一任务 1.1 教学录像。

笔记

做一做

结合图 1-1-1，分析带式输送机主要由哪些部件组成；简述带式输送机的工作原理，并分析带式输送机的装配关系。

步骤二　认识单缸内燃机的结构

想一想

你熟悉内燃机吗？内燃机有哪些分类吗？

相关知识

一、内燃机概述

内燃机是能够把热能转换成机械能的一种常用设备，主要应用在机器中。日常生活中见到的飞机、汽车、拖拉机等，都应用了内燃机设备。内燃机的种类多样，根据使用的燃料不同，内燃机可分为汽油内燃机和柴油内燃机两种，图 1-1-7 所示为汽油内燃机。根据汽缸的数目不同，内燃机又可分为单缸内燃机和多缸内燃机。本任务主要以单缸内燃机为例进行分析。

小知识

1876 年，德国人奥托设计并制造出第一台以煤气为燃料的火花点火式四冲程内燃机，这种发动机体积小，质量小，消耗的煤气少，转速达 200r/min。此后，越来越多的工厂都采用内燃机代替蒸汽机。1883 年，德国工程师戴姆勒制成以汽油为燃料的内燃机，转速达 900r/min。内燃机的发明及应用引发了交通运输的一场革命。1885 年，德国机械工程师卡尔·本茨制成第一台用内燃机驱动的新型交通工具——汽车。1897 年，德国工程师狄塞尔制成柴油机，柴油机的输出功率大，可以用在船舶、火车机车和载重汽车上。1903 年，美国人莱特兄弟在美国北卡罗来纳州用自己制造的“莱特飞行者”双翼飞机，进行了世界上首次带动力的飞行，预示着交通运输新纪元的到来。

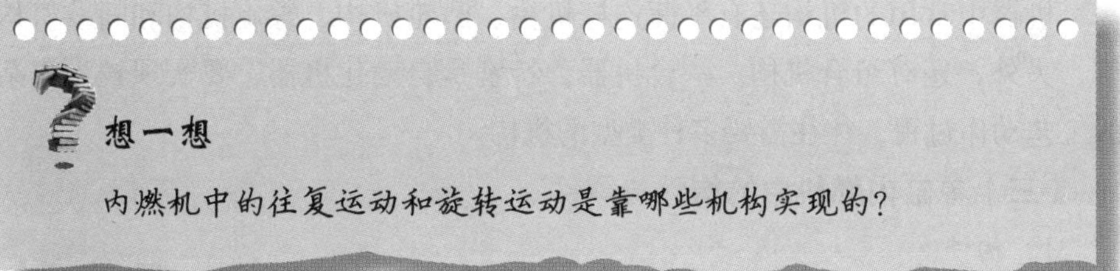

二、单缸内燃机的机构和零件（如图 1-1-7 所示）

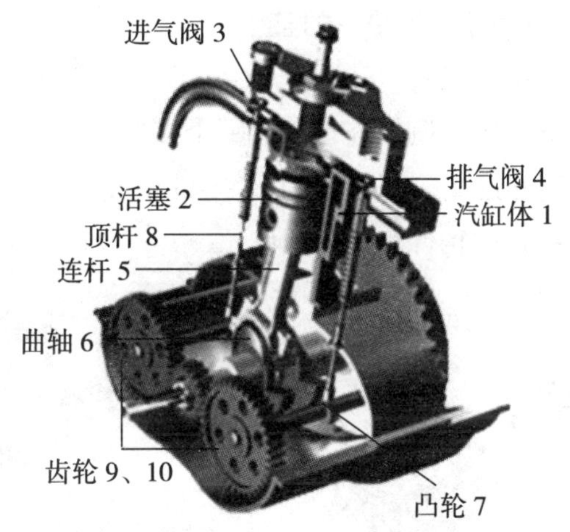

图 1-1-7　单缸四冲程内燃机

网站

观看教材网站：单元一任务 1.1　教学视频。

（一）曲柄滑块机构

曲柄滑块机构为机器中的执行部分。它把活塞的往复直线运动变成曲轴的旋转运动而对外做功，也可将曲轴的旋转运动变成活塞的往复直线运动（如图 1-1-8 所示）。

（二）配气机构

内燃机的配气机构为机器的执行部分。它主要由凸轮、气门顶杆等组成，其功用是控制气门的开启与关闭（如图 1-1-9 所示）。

光盘

观看助教助学光盘任务 1.1 三维资源——机构。

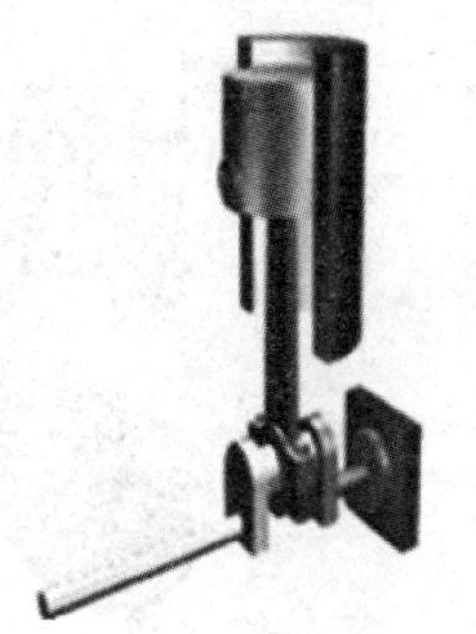

图 1-1-8　曲柄滑块机构

图 1-1-9　内燃机的配气机构

笔记

机器中常用的机构还有平面连杆机构、凸轮机构、螺旋机构和间歇机构等，另外，还有组合机构。一台机器，特别是自动化机器，要实现较为复杂的工艺动作过程，往往需要多种类型的机构。

（三）单缸内燃机中的构件与零件

1. 构件

能做相对运动的物体称为构件。在内燃机中，活塞与汽缸、活塞与连杆以及连杆与曲轴都能够做相对运动，因此它们都称为构件。构件可以是单一的整体，如图 1–1–10 所示的曲轴。

图 1–1–10　曲轴

构件也可以是几个零件刚性连接组成一个整体，如图 1–1–11 所示的连杆就是由连杆体 1、连杆盖 2、螺栓 3 等几个零件组成的。这些零件形成一个整体进行运动，所以我们把构件称为运动单元。

光盘

观看助教助学光盘任务 1.1 三维资源——零部件。

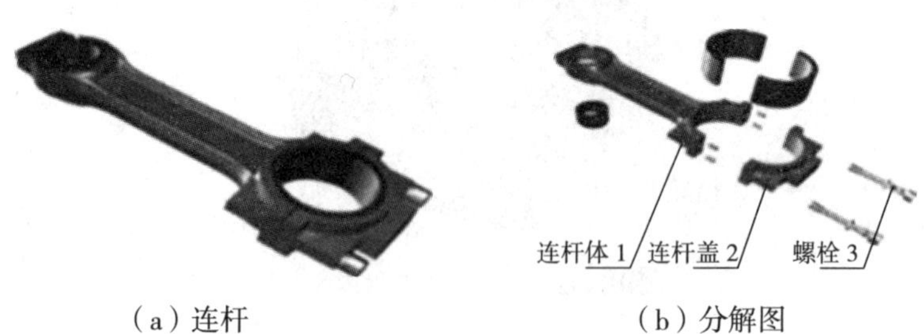

（a）连杆　　（b）分解图

图 1–1–11　连杆及其分解图

2. 零件

组成机器的不可拆的基本单元称为机械零件（以下简称“零件”）。机械零件是加工的单元体，通常把它称为制造单元。零件分为两类：一类为通用零件，它在各种机械中都能见到，如图 1–1–12 所示的齿轮、螺钉、轴、弹簧等；另一类为专用零件，它只出现在某些机器中，如图 1–1–13 所示的内燃机的活塞、涡轮叶片等。

图 1–1–12　通用零件　　图 1–1–13　专用零件

笔记

做一做

结合图 1–1–7，分析单缸内燃机主要有哪些组成部分；简述内燃机的工作原理，并分析内燃机的装配关系。

步骤三　了解机器与机构的区别和联系

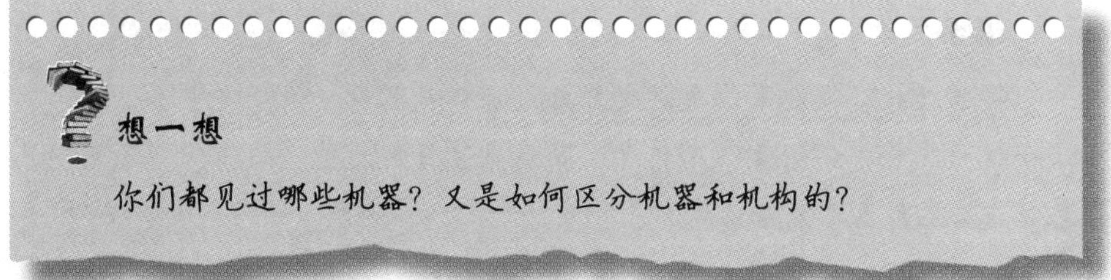

相关知识

如图 1–1–1 所示的带式输送机由电动机、带传动、减速器、滚筒和输送带组成，电动机通过带传动、减速器带动滚筒转动，使输送带工作，是把电能转换成机械能的典型实例。

如图 1–1–7 所示单缸内燃机，由汽缸体 1、活塞 2、进气阀 3、排气阀 4、连杆 5、曲轴 6、凸轮 7、顶杆 8、齿轮 9 和齿轮 10 等组成。通过燃气在汽缸内吸气—压缩—做功—排气四个冲程，使其燃烧的热能转换为曲轴转动的机械能。

从以上两个例子可以归纳出：机器的主要功用是对外做功和实现能量转换，机构的主要功用是传递运动和改变运动形式。机器是由机构组成的。一台机器可以包含几个机构，也可以只包含一个机构。

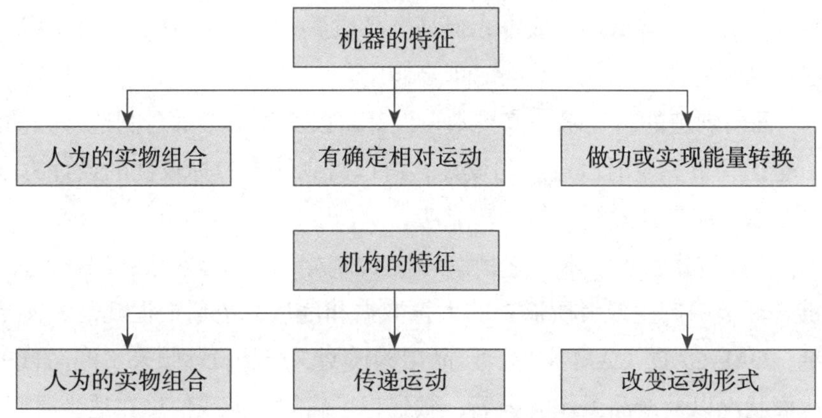

若抛开在做功和转换能量方面所起的作用，仅从结构和运动的观点来看，机构与机器之间并无区别。因此，习惯上用“机械”一词作为机器和机构的总称。

笔记

做一做

（1）结合任务 1.1，分析归纳机器与机构、构件与零件本质上的区别与联系。

（2）分小组选择一台机器，如车床、磨床或者汽车等，分析所选机器的组成及功能。

提示

机器运转时，如果你走近机器或者操作机器时，请一定严格遵守安全操作规范，不好奇，不猎奇，不得乱动任何开关、按钮等，不懂的地方向老师或者师傅请教。

新视野

全寿命周期设计技术

在设计产品时不仅要考虑产品的功能和结构，而且要设计产品的全寿命周期，也就是要设计产品从规划、设计、制造、营销、运行、使用、维修保养，直到回收再用处置的全过程。全寿命周期设计意味着，在设计阶段就要考虑到产品生命历程的所有环节，以求产品全寿命周期设计的综合优化。这项内容具体由三种设计技术组成。

· **并行设计技术**　其思想是在产品开发的初始阶段，即规划和设计阶段，就以并行的方式综合考虑其生命周期中所有后续阶段，包括工艺规划、制造、装配、试验、检验、营销、运输、使用、维修、保养，直至回收处置等环节，降低产品成本，提高产品质量。其基本特征是集成性，反映了产品全寿命周期各环节间的耦合作用。

· **面向制造的新技术**　该技术在设计阶段就尽早考虑与制造有关的约束，全面评价和及时改进产品设计，可以得到综合目标较优的设计方案，并可争取产品设计和制造的一次成功。

· **产品数据管理技术**　它是设计技术的关键，能有效地管理在产品生命链各环节中产生或者所需要的大量数据和信息，包括工程规范、文档、图纸、CAE/CAD /CAM 文件、产品结构模型、产品设计结果、产品订单、供应商状况以及产品工作流程等，做到将正确的数据或信息在适当时间传递到正确的位置或传递给相应的人，这是产品全寿命周期数据管理技术研究的根本内容。

巩固与拓展

一、知识巩固

对照本任务知识脉络图，梳理自己所掌握的知识体系，并与同学相互交流、研讨个人对某些知识点或技能技巧的理解。

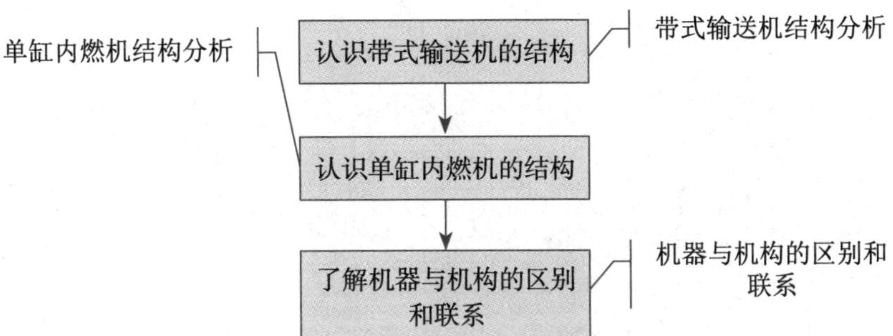

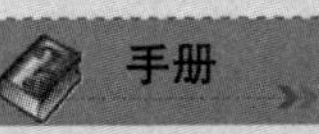

完成《自主学习手册》单元一任务 1.1 任务拓展。

二、拓展任务

（1）根据任务 1.1 的工作步骤及方法，利用所学知识，完成自主学习手册中的拓展任务。

（2）查阅现代机器的相关知识，谈谈自己对现代机器特征的理解。

单元二

执行机构设计

执行机构属于一台机器的执行系统部分，其功能是驱动执行构件按给定的运动规律运动，实现预期的工作。执行机构一般位于机器的末端，直接与工作对象接触。执行系统可以包括一个执行机构也可以包括几个执行机构。

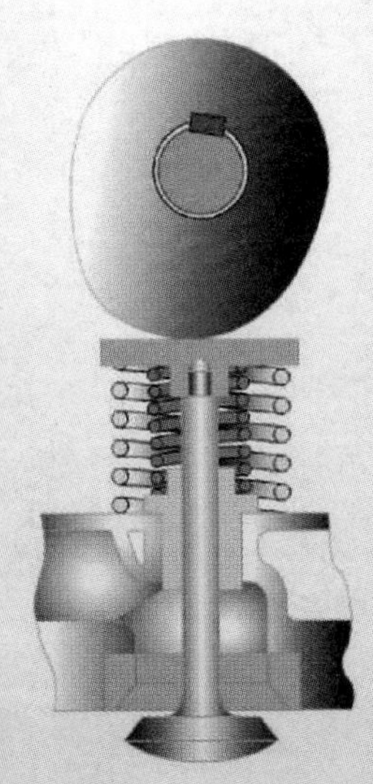

任务 2.1
平面连杆机构设计

任务目标

通过学习本任务，学生应达到以下目标：
□ 了解平面连杆机构组成及其运动特点；
□ 熟悉平面连杆机构的基本形式和演化形式的应用；
□ 正确理解曲柄、急回运动、死点等特性；
□ 掌握平面连杆机构设计的方法及步骤。

任务描述

● 任务内容

如图 2-1-1 所示为单缸内燃机的曲柄连杆机构，假如活塞的行程 h=150mm，导路偏距 e=0，曲柄连杆比（曲柄半径/连杆长度）$\lambda=r/l=1/3$，试用图解法设计曲柄及连杆的长度。如果导路偏距 e=75mm，行程速比系数 K=1.4，该机构又如何设计？

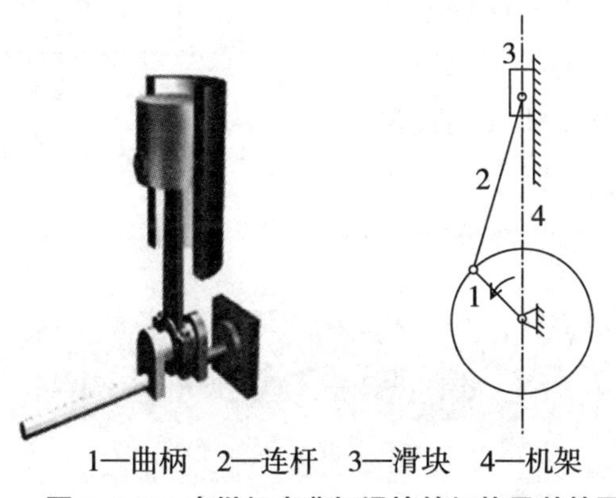

1—曲柄　2—连杆　3—滑块　4—机架

图 2-1-1　内燃机中曲柄滑块的机构及其简图

● 实施条件

□ 图板、丁字尺、三角板、圆规、量角器、铅笔、橡皮、计算器、机械

网络空间

参考助学资源　单元二任务 2.1　教学课件。

网站

观看教材网站：单元二任务 2.1　教学动画。

设计手册等绘图工具及参考资料。

□ 图纸 1 张（根据所选比例及表达方案选用合适的图幅）、内燃机三维模型。

网络空间

参考教学资源单元二任务 2.1 教学录像。

程序与方法

步骤一　认识平面四杆机构

相关知识

一、平面连杆机构概述

1. 平面连杆机构

平面连杆机构是由若干个构件通过低副连接而成的机构，又称为平面低副机构。

2. 平面四杆机构

由四个构件通过低副连接而成的平面连杆机构，则称为平面四杆机构。它是平面连杆机构中最常见的形式，也是组成平面多杆机构的基础。

3. 铰链四杆机构

构件之间的连接全部是转动副的四杆机构，称为铰链四杆机构。铰链四杆机构是平面四杆机构的基本形式。其他形式的四杆机构都可看成是在它的基础上通过演化而成的。如图 2-1-2 所示为一铰链四杆机构。固定不动的杆 AD 为机架。与机架相连的构件 1 和构件 3 称为连架杆，其中能做整周回转的连架杆称为曲柄，只能在小于 360° 的一定范围内摆动的连架杆则称为摇杆。连接两连架杆的构件 4 称为连杆。

网站

观看教材网站：单元二任务 2.1 教学动画。

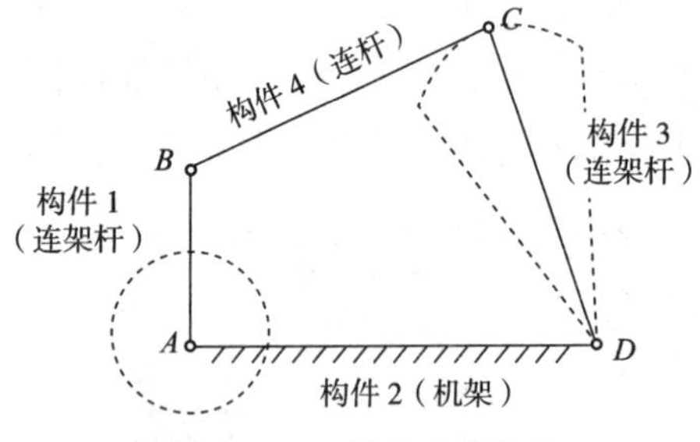

图 2-1-2　铰链四杆机构

二、平面连杆机构的运动特点

提示

从运动副连接形式上思考平面连杆机构的运动特性。平面连杆机构属于低副连接，即构件之间是面接触形式。

笔记

1. 平面连杆机构的优点

（1）承载大、易润滑、不易磨损、易加工、易获得较高的制造精度。

（2）改变杆的相对长度，从动件运动规律不同。

（3）能够实现多种运动轨迹曲线和运动规律。

2. 平面连杆机构的缺点

（1）产生动载荷，不适合高速运动。

（2）构件和运动副多，累积误差大、运动精度低、效率低。

（3）设计复杂，难以实现精确的运动轨迹。

想一想

根据图 2-1-1 所示内燃机中的曲柄滑块机构及其运动简图，分析该机构是四杆机构吗？它与一般的平面四杆机构有何不同？

三、铰链四杆机构的基本形式

铰链四杆机构中，根据连架杆运动形式的不同，可分为曲柄摇杆机构、双曲柄机构和双摇杆机构三种基本形式。

网站

观看教材网站：单元二任务 2.1 教学动画。

（一）曲柄摇杆机构

两连架杆中一个为曲柄，另一个为摇杆的铰链四杆机构，称为曲柄摇杆机构，如图 2-1-3 所示。

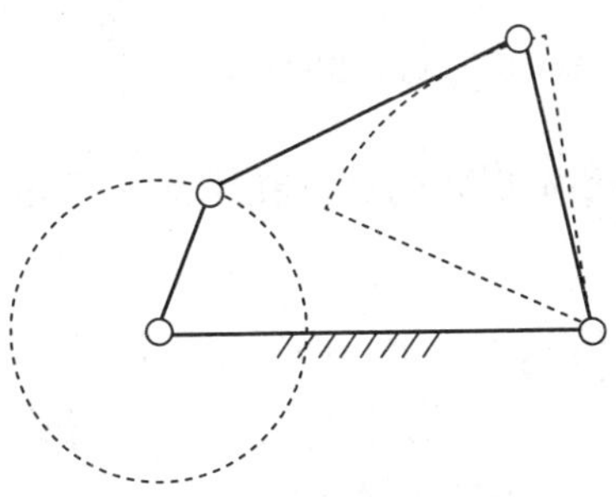

图 2-1-3　曲柄摇杆机构

（二）双曲柄机构

若两连架杆均为曲柄时，此机构称为双曲柄机构，如图 2-1-4 所示。在双曲柄机构中，如果两曲柄的长度不相等，主动曲柄等速回转一周，从动曲柄变速回转一周，惯性筛（见图 2-1-5）即为此双曲柄机构。

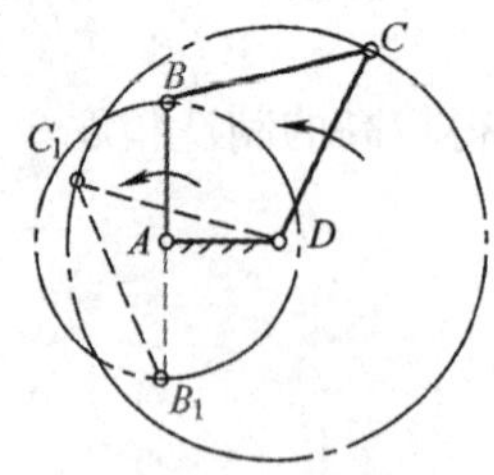

图 2-1-4　双曲柄机构

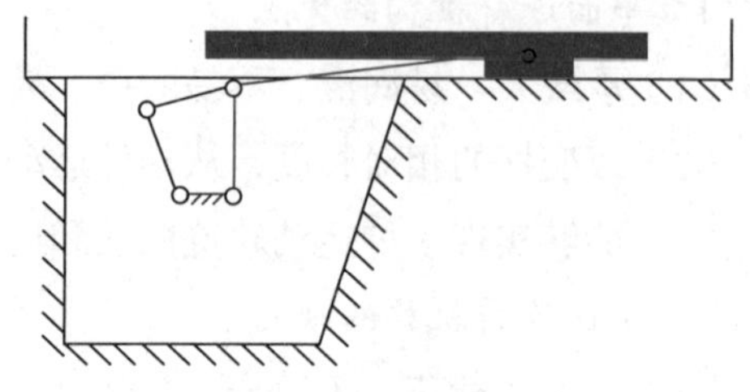

图 2-1-5　惯性筛

网站

观看教材网站：单元二任务 2.1 教学动画。

两曲柄长度相等，且连杆与机架的长度也相等，呈平行四边形为平行双曲柄机构。其运动特点为：当主动曲柄做等速转动时，从动曲柄会以相同的角速度沿同一方向转动，连杆则做平行移动，如图 2-1-6 所示。

（三）双摇杆机构

若两连架杆均为摇杆时，此机构称为双摇杆机构，如图 2-1-7 所示。B_1C_1D 及 C_2B_2A 是其两个极限位置。在双摇杆机构中，两摇杆可分别为主动件，当主动摇杆摆动时，通过连杆带动从动摇杆摆动。

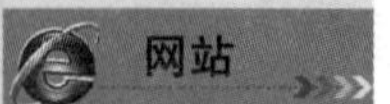

网站

观看教材网站：单元二任务 2.1 教学动画。

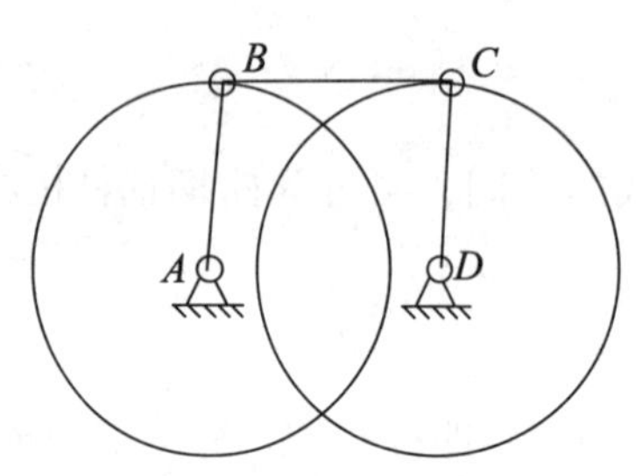

图 2-1-6　平行双曲柄机构

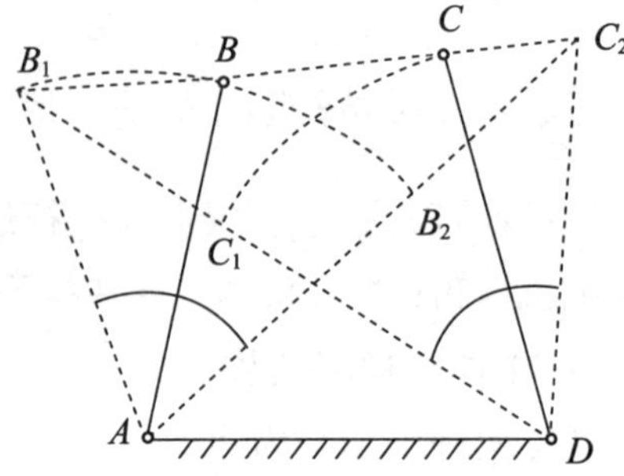

图 2-1-7　双摇杆机构

四、铰链四杆机构曲柄存在的条件

铰链四杆机构三种基本形式的区别在于连架杆是否为曲柄，下面讨论连架杆成为曲柄的条件。

如图 2-1-8 所示，若设 $a < d$，连架杆若能整周回转，必有两次与机架共线，如图 2-1-8（b）、（c）所示，可得三个不等式；若运动过程中出现如图 2-1-9 所示的共线情况，上述不等式变成等式，即

$$\left.\begin{aligned} a+d &\leqslant b+c \\ b \leqslant (d-a)+c，即\ a+b &\leqslant d+c \\ c \leqslant (d-a)+b，即\ a+c &\leqslant d+b \end{aligned}\right\}$$

可得 AB 为最短杆。

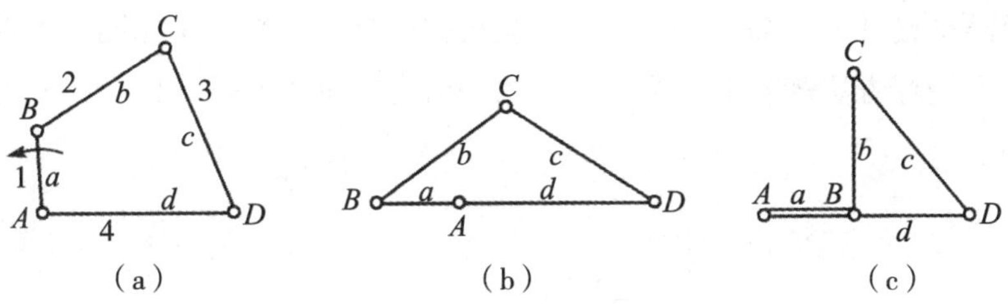

图 2-1-8 铰链四杆机构的运动过程

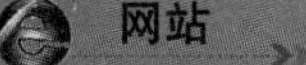

网站

观看教材网站：单元二任务 2.1 教学动画。

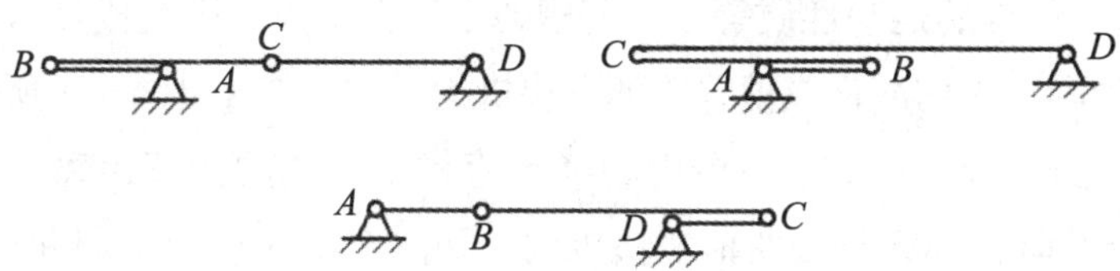

图 2-1-9 运动中可能出现的四杆共线情况

网站

观看教材网站：单元二任务 2.1 教学动画。

若设 $a > d$，同理有

$$d \leqslant a,\ d \leqslant b,\ d \leqslant c$$

可得 AD 为最短杆。曲柄存在的条件如下。

（1）最长杆与最短杆的长度之和应不大于其他两杆长度之和，即杆长条件。

（2）连架杆或机架之一为最短杆。

根据有曲柄的条件可以推论如下。

推论一：当最长杆与最短杆长度之和小于或等于其余两杆长度之和时：

① 最短杆作机架时为双曲柄机构；

② 最短杆的相邻杆作机架时为双曲柄摇杆机构；

③ 最短杆的对面杆作机架时为双摇杆机构。

网站

观看教材网站：单元二任务 2.1 教学动画。

推论二：当最长杆与最短杆的长度之和大于其余两杆长度之和时，只能得到双摇杆机构。

应指出的是，当铰链四杆机构中最短杆与最长杆长度之和大于其余两杆长度之和时，则不论哪一杆为机架，都不存在曲柄，而只能是双摇杆机构。但要注意，该双摇杆机构与前者的双摇杆机构有本质上的区别，前者双摇杆机构中的连杆能整周转动，而后者双摇杆中的连杆则只能做摆动。

步骤二 分析铰链四杆机构的演化过程

相关知识

四杆机构的演化，不仅是满足了运动方面的要求，还改善了受力状况以及满足结构设计上的需要等。各种演化机构的外形虽然各不相同，但性质以及分析和设计方法却相似，为连杆机构的研究提供了方便。四杆机构的演化方法如下。

一、转动副转化为移动副

曲柄摇杆机构如图 2–1–10（a）所示。把弧形线做成环形槽，槽的中心在 D 点，把杆 3 做成弧形滑块，与槽配合，如图 2–1–10（b）所示。图 2–1–10（a）和（b）所示机构的运动性质等效。若槽的半径无穷大，则变成直槽，转动副变成了移动副，机构演化成偏置曲柄滑块机构，如图 2–1–10（c）所示。

网站

观看教材网站：单元二任务 2.1 教学动画。

图 2–1–10（c）中 e 为曲柄中心 A 至直槽中心线的垂直距离，称为偏心距。当 $e=0$ 时，称为对心曲柄滑块机构，如图 2–1–1 所示。因此可以认为，曲柄滑块机构是由曲柄摇杆机构演化而来。

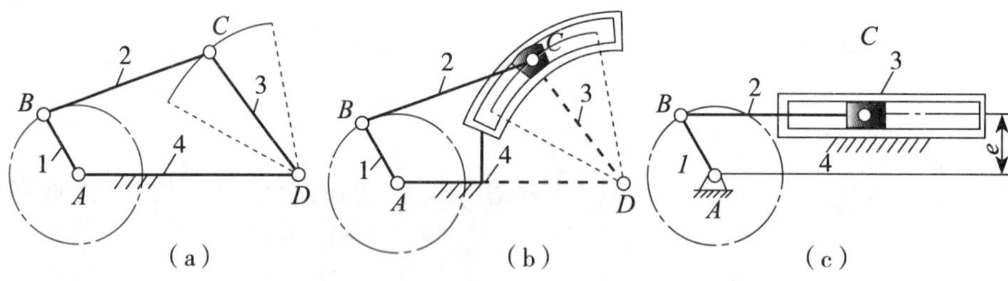

1—曲柄　2—连杆　3—连架杆　4—机架

图 2–1–10　曲柄摇杆机构的演化

想一想

如图 2–1–1 所示的内燃机中的曲柄连杆机构是曲柄滑块机构吗？它是由什么机构演化而来？

二、选用不同的构件作为机架

运动链中以不同构件作为机架以获得不同机构的演化方法称为机构的倒置。

在如图 2–1–11（a）所示的曲柄滑块机构中，以不同构件作为机架可以获得不同的机构。

网站

观看教材网站：单元二任务2.1 教学动画。

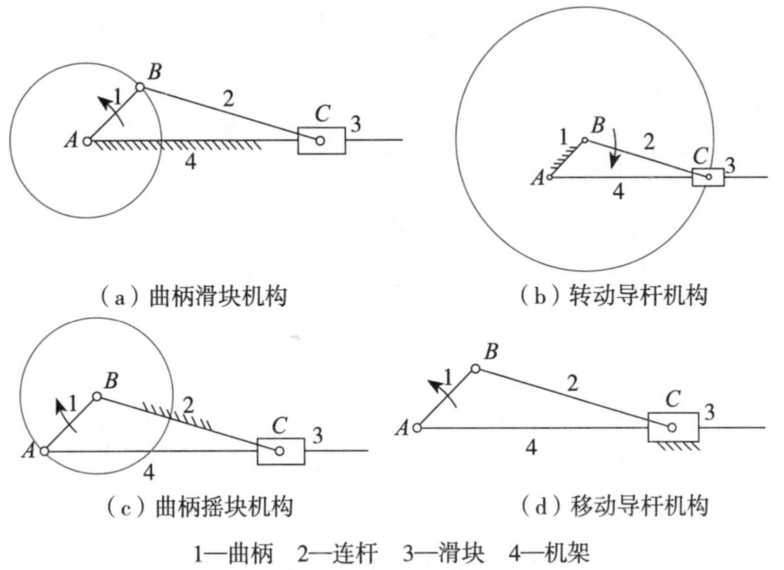

（a）曲柄滑块机构　（b）转动导杆机构

（c）曲柄摇块机构　（d）移动导杆机构

1—曲柄　2—连杆　3—滑块　4—机架

图 2-1-11　曲柄滑块机构的演化

三、扩大转动副

由于结构需要，通常将机构中转动副 B 的半径扩大。超过曲柄 AB 的尺寸则演化成偏心轮机构，如图 2-1-12 所示，称此圆盘为偏心轮，几何中心与回转中心间的距离称为偏心距，等于曲柄长。

网站

观看教材网站：单元二任务2.1 教学动画。

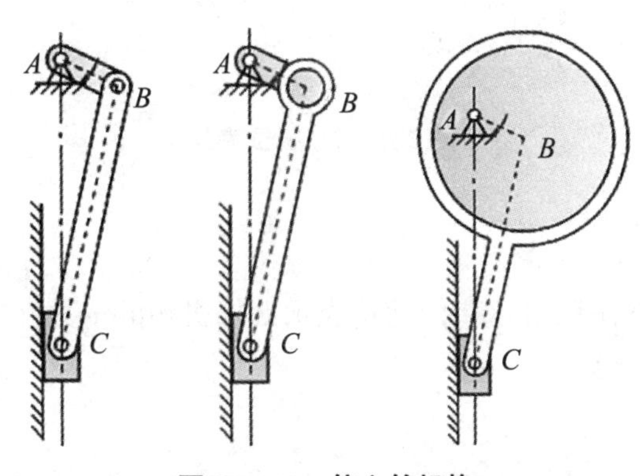

图 2-1-12　偏心轮机构

想一想

曲柄滑块机构除了在内燃机中采用，还有哪些应用实例？曲柄滑块机构演化之后能应用在哪些领域？

笔记

步骤三　分析平面四杆机构传动特性

相关知识

一、急回特性

机构急回特性的相对程度，可用行程速比系数 K 来表示，即在急回运动机构中，主动件做等速转动时，做往复运动的从动件在空回程中的平均速度与工作行程中的平均速度的比值。可用下式表示：

$$K=\frac{\text{从动件回程平均速度}}{\text{从动件工作平均速度}}=\frac{C_1C_2/t_2}{C_1C_2/t_1}=\frac{t_1}{t_2}=\frac{\phi_1}{\phi_2}=\frac{180°+\theta}{180°-\theta} \quad (2\text{-}1\text{-}1)$$

$$\theta=180°\frac{K-1}{K+1}$$

式中，θ 为极位夹角，即摇杆在极限位置时，曲柄两位置之间所夹锐角，如图 2–1–13 所示。

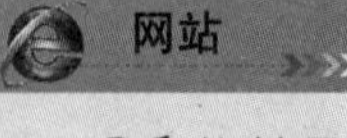
网站

观看教材网站：单元二任务 2.1 教学动画。

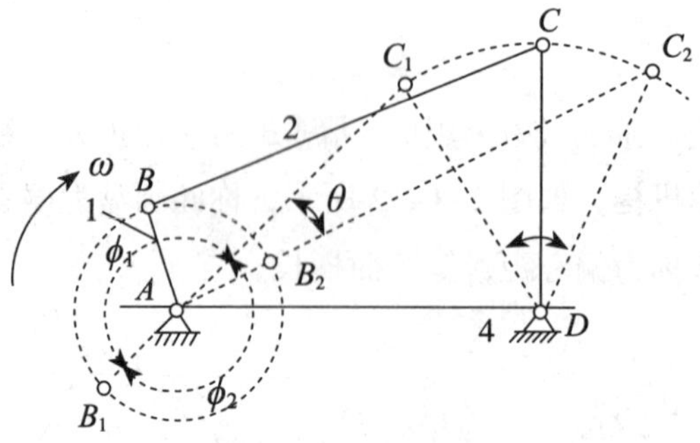

图 2–1–13　极位夹角

二、传动特性

工程计算中常用压力角和传动角表示四杆机构的传力性能。如图 2–1–14 所示为曲柄摇杆机构。

1. 压力角

压力角为作用在从动件 CD 上 C 点的力 F（沿 BC 方向）与该点速度正向之间所夹的锐角。

2. 传动角

传动角为连杆 BC 和从动件 CD 之间所夹的锐角 $\angle BCD=\gamma$。传动角与压力角互为余角。F 可分成两个分力即切向分力 F_t 和法向分力 F_n，由图得

$$F_t=F\cos\alpha=F\sin\gamma$$

$$F_n=F\cos\gamma$$

γ 加大，则 F_t 加大，对传动有利。

为保证机构良好的传力性能，设计时一般要求 $\gamma_{min} \geqslant 40°$；对于高速大功率机械，应使 $\gamma_{min} \geqslant 50°$。为此，必须确定 $\gamma = \gamma_{min}$ 时机构的位置，并检验 γ_{min} 的值是否大于上述许用值。

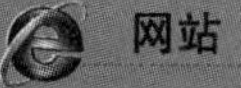

网站

观看教材网站：单元二任务 2.1 教学动画。

想一想

分析图 2–1–14 所示的曲柄摇杆机构最大、最小传动角出现的位置。

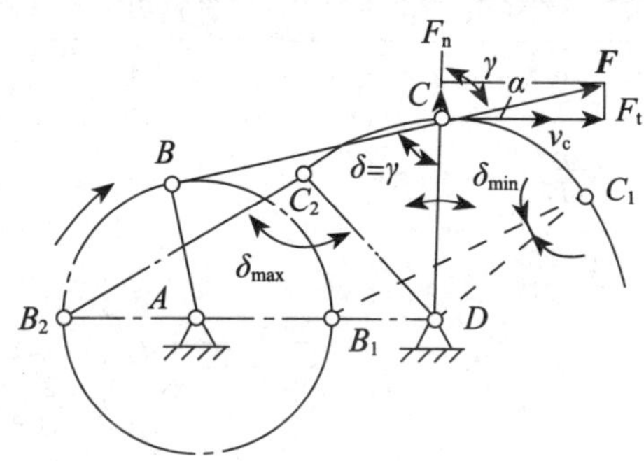

图 2–1–14 压力角与传动角

做一做

用作图法标识出本学习任务中偏置曲柄滑块机构最小传动角。

三、死点

曲柄 AB 为从动件时，当连杆 BC 与曲柄 AB 处于共线位置时，连杆 BC 与曲柄 AB 之间的传动角 $\gamma = 0°$，压力角 $\alpha = 90°$，这时摇杆 CD 经连杆 BC 传给从动件曲柄 AB 的力通过曲柄转动中心 A，转动力矩为零，从动件不转，机构停顿。机构所处的这种位置称为死点位置，如图 2–1–15 所示。

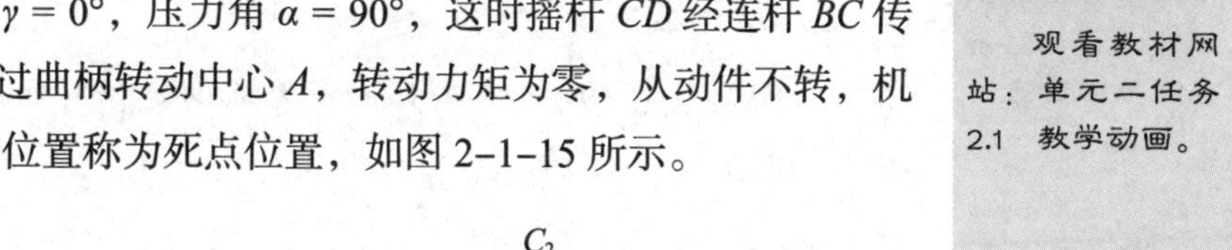

网站

观看教材网站：单元二任务 2.1 教学动画。

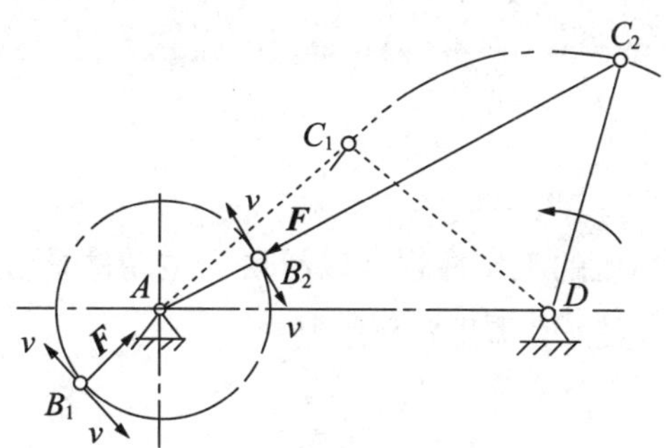

图 2–1–15 死点位置

死点现象是不利于机构传动的，所以机构要通过死点位置必须采取下列措施。

（1）利用从动件的惯性通过死点位置，如家用缝纫机。

（2）采用错位排列的方式，如 V 型发动机。

多学一点

工程上有时也利用死点来实现一定的工作要求。图 2-1-16 所示为飞机起落架，当机轮放下时，*BC* 杆与 *CD* 杆共线，机构处在死点位置，地面对机轮的力不会使 *CD* 杆转动，使降落可靠。

网站

观看教材网站：单元二任务 2.1 教学动画。

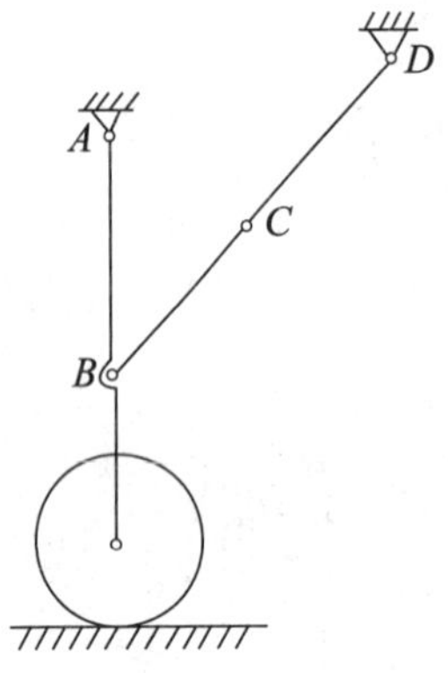

图 2-1-16　飞机起落架

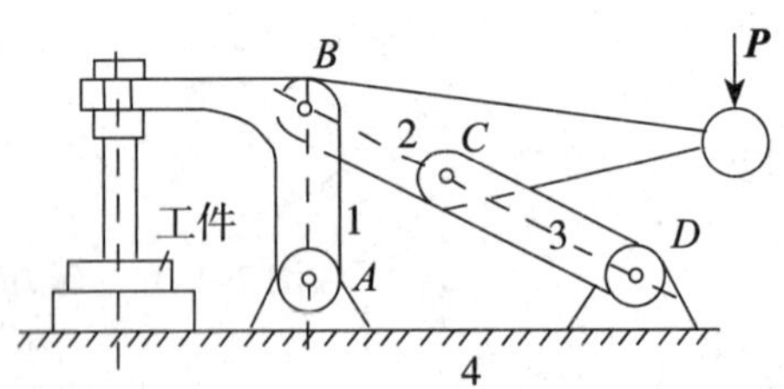

1—曲柄　2—连杆　3—连架杆　4—机架

图 2-1-17　夹具的夹紧机构

网站

观看教材网站：单元二任务 2.1 教学动画。

想一想

图 2-1-17 所示的夹具的夹紧机构是如何利用死点位置来进行工作的？

做一做

学习任务中内燃机的工作冲程，以滑块为主动件是否有死点位置？偏置曲柄滑块机构死点位置又在哪里？请绘制出来。

步骤四 设计平面连杆机构

一、平面连杆机构设计方法

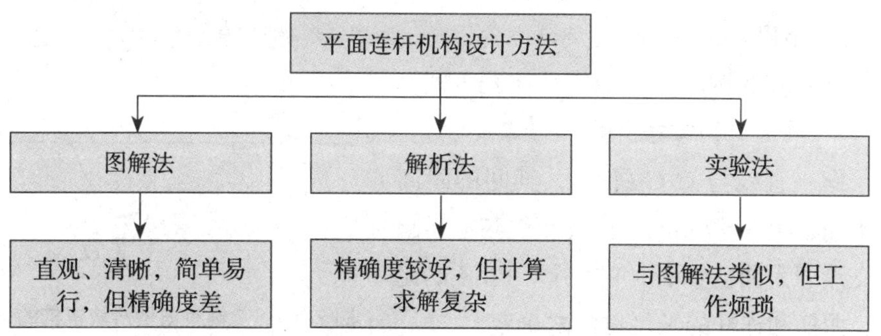

二、平面连杆机构设计步骤

（1）按运动条件设计四杆机构。

（2）检验其他条件（如检验最小传动角、是否满足曲柄存在条件、机构的运动空间尺寸等）。

本学习任务只介绍用图解法设计。

做一做

根据图 2–1–1 所示的内燃机对心式曲柄滑块机构，分析滑块运动至极限位置时，其行程与曲柄长度的关系。

相关知识

一、设计对心式曲柄滑块机构

1. 确定曲柄长度

根据对图 2–1–1 的分析，滑块的工作行程是曲柄长度的两倍，故曲柄长度 $r=150/2=75\text{mm}$。

2. 确定连杆长度

根据曲柄连杆比 $\lambda=r/l=1/3$，计算曲柄长度 $l=75\times3=225\text{mm}$。

3. 绘制该机构

二、设计偏置式曲柄滑块机构

1. 计算极位夹角

$$\theta=180°(K-1)/(K+1)=180°\times(1.4-1)\times(1.4+1)=30°$$

2. 做出曲柄行程

作 $C_1C_2 = H = 150\text{mm}$，分别作射线 C_1O、C_2O，使 $\angle C_1C_2O = \angle C_2C_1O = 90° - \theta$，得交点 O，如图 2-1-18 所示。

网站

观看教材网站：单元二任务 2.1 教学动画。

3. 画圆

以 O 点为圆心，以 OC_1 为半径画圆。

4. 确定曲柄回转中心

作一直线与 C_1C_2 平行，其间的距离等于偏心距 $e = 75\text{mm}$，则此直线与上述圆的交点即为曲柄轴心 A 的位置。当 A 确定后，曲柄和连杆的长度也随之确定。

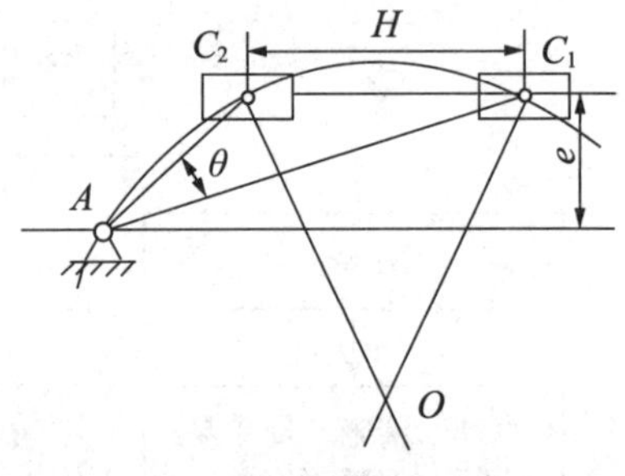

图 2-1-18 偏置曲柄滑块机构的设计

做一做

同学们分小组，按照上述设计步骤，绘制出对心式曲柄滑块机构和偏置式曲柄滑块机构的设计图样，完成学习任务。

新视野

竞争优势创建设计技术

竞争机制和供求关系是市场经济的两大特点，要求设计人员用新观点、新原理和新技术来设计不断满足顾客需要的新产品。其中主要包含以下几方面。

·产品创新设计技术 创新设计是针对新的或预测的需求，从已知的、经过实践检验可行的理论和技术出发，充分运用创造性思维，构思并设计出过去所没有的全新事物的技术过程。

·面向成本的设计 它是在保证功能和质量的前提下，通过降低成本来提高产品经济性以加强竞争优势的设计技术。实践证明，产品成本的70%以上用于设计。

·快速设计技术 由于市场动态多变性，使产品投放市场的时间日益成为决定产品竞争力的重要因素。快速设计技术是在现代设计理论和方法的指导下，应用微电子、信息和管理等现代科学技术，以缩短产品开发周期为目的的一切设计技术的总称。

·虚拟设计技术 计算机仿真技术是以计算机为工具，建立实际或联想的系统模型，并在不同条件下，对模型进行动态运行（实验）的一门综合性技术。

·**智能设计技术**　由于缺乏人类设计师所具有的推理和决策能力，传统 CAD 系统已不能满足设计过程自动化的要求。于是智能 CAD（ICAD）的理论研究和应用实践便随之产生。ICAD 系统既具有传统 CAD 系统的数值计算和图形处理能力，又具有知识处理能力，能够对设计的全过程提供智能化的计算机支持。智能设计就是对智能 CAD 理论和应用的研究。

笔记

巩固与拓展

一、知识巩固

对照本任务知识脉络图，梳理自己所掌握的知识体系，并与同学相互交流、研讨个人对某些知识点或技能技巧的理解。

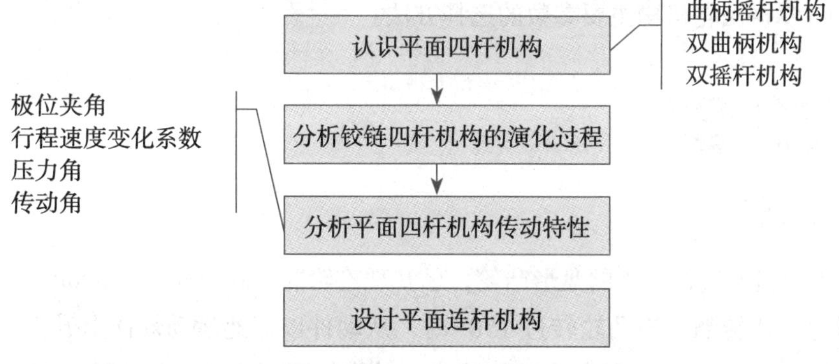

二、拓展任务

根据任务 2.1 的工作步骤及方法，利用所学知识，完成自主学习手册中的拓展任务。

手册

学习《自主学习手册》单元二任务 2.1　任务拓展。

任务 2.2
凸轮机构设计

网络空间

参考助学资源单元二 任务 2.2 教学课件。

任务目标

通过学习本任务，学生应达到以下目标：

□ 认知凸轮机构的结构组成；

□ 能够正确选择凸轮的材料；

□ 掌握凸轮机构设计的步骤和方法；

□ 掌握凸轮机构主要参数的选择方法。

任务描述

网站

观看教材网站：单元二任务 2.2 教学动画。

● 任务内容

内燃机配气机构中的盘形凸轮，已知理论轮廓基圆半径 r_b = 50mm，凸轮顺时针匀速转动，当凸轮转过 150° 时，从动件以等速运动规律上升 30mm；再转过 120° 时，从动件以余弦加速度运动规律回到原位；凸轮转过其余 90° 时，从动件静止不动。试用作图法进行设计。

● 实施条件

□ 图板、丁字尺、三角板、圆规、量角器、铅笔、橡皮、计算器、机械设计手册等绘图工具及参考资料。

□ 图纸 1 张（根据所选比例及表达方案选用合适的图幅）、内燃机三维模型。

程序与方法

手册

学习《自主学习手册》学习任务 2.2 设计配气机构中的盘形凸轮机构。

步骤一 认识凸轮机构

相关知识

凸轮是一种具有曲线轮廓或凹槽的构件，它通过与从动件的高副接触，在运动时可以使从动件获得连续或不连续的任意预期运动。因此，只要设计出适当的凸轮轮廓曲线，就可以使从动件实现任何预期的运动规律。

一、凸轮机构的组成

如图 2-2-1 所示，盘形凸轮 1 按顺时针方向回转，凸轮 1 的曲线轮廓等半径圆弧部分连续与气门杆 2 的平底接触，气门关闭不动；当凸轮 1 的曲线轮廓向径逐渐增大部分，与气门杆 2 的平底接触时，气门开启；当凸轮 1 的曲线轮廓向径逐渐减小部分与气门杆 2 的平底接触时，气门关闭。所以凸轮机构通过其向径的变化可使从动杆 2 按预期规律上下往复移动，从而达到控制气阀开闭的目的。

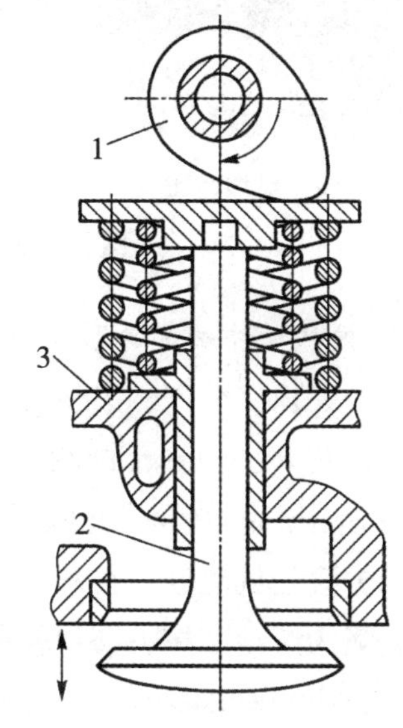

1—凸轮　2—从动件　3—机架

图 2-2-1　内燃机配气机构中的盘形凸轮

凸轮机构由凸轮、从动件和机架三个基本构件组成。

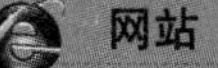
网站

观看教材网站：单元二任务 2.2 教学视频。

想一想

气门的开启与关闭时间的长短对内燃机的工作有何影响？说明其重要性。

网站

观看教材网站：单元二任务 2.2 教学视频。

二、凸轮机构的类型

1. 按凸轮的形状分类（如图 2-2-2 所示）

（1）盘形凸轮　它是凸轮中最基本的形式。凸轮是绕固定轴转动且半径变化的盘形零件，凸轮与从动件互做平面运动，是平面凸轮机构。

（2）移动凸轮　它可看作回转半径无限大的盘形凸轮，凸轮做往复直线移动，也是平面凸轮机构的一种。

（3）圆柱凸轮　它可看作移动凸轮绕在圆柱体上演化而成，从动件与凸轮之间的相对运动为空间运动，是一种空间凸轮机构。圆柱凸轮可以用圆柱体上的凹槽来控制从动件的运动规律，也可以用圆柱体的端面轮廓曲线来控制。

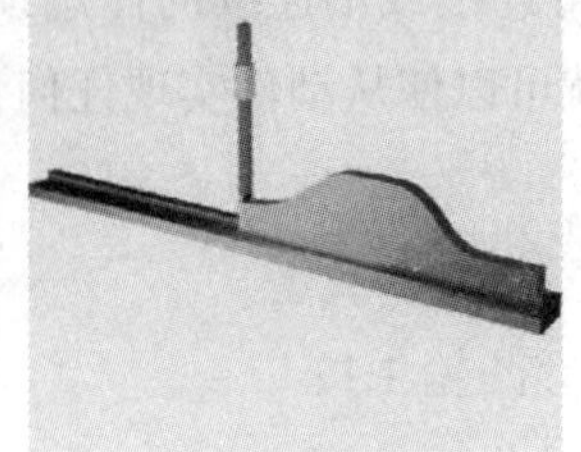

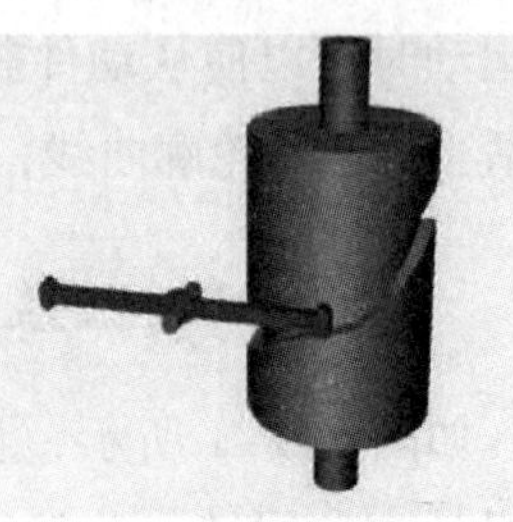

（a）盘形凸轮　　（b）移动凸轮　　（c）圆柱凸轮

图 2–2–2　凸轮机构按凸轮形状分类

2. 按从动件端部的形状分类（如图 2–2–3 所示）

（1）尖顶从动件　尖顶能与复杂的凸轮轮廓保持接触，从而实现任意预期的运动规律。但由于凸轮与从动件之间通过点或线接触，容易产生磨损，所以只适用于受力较小的低速凸轮机构。

（2）滚子从动件　在从动件端部装一滚子，即成为滚子从动件。滚子与凸轮之间为滚动摩擦，磨损较小，并且可以承受较大的载荷。其缺点是凸轮上凹陷的轮廓未必能很好地与滚子接触，从而影响实现预期的运动规律。

（3）平底从动件　在从动件端部固定一平板，本任务即为平底从动件。平底与凸轮之间易于形成油膜，有利于润滑，适用于高速运行，而且凸轮驱动从动件的力始终与平底垂直，传动效率高。其缺点也是凸轮上凹陷的轮廓未必能很好地与平底接触。

笔记

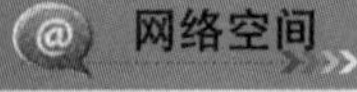

网络空间

参考教学资源单元二任务 2.1 教学录像。

（a）尖顶从动件　　（b）滚子从动件　　（c）平底从动件

图 2–2–3　凸轮机构按从动件端部形状分类

网站

观看教材网站：单元二任务 2.2 教学视频。

3. 按从动件运动形式分类（如图 2–2–4 所示）

（1）直动从动件　在直动从动件中，若导路轴线通过凸轮的回转轴，则称为对心直动从动件，如图 2–2–3（a）所示；否则称为偏置直动从动件，如图 2–2–4（a）所示。

（2）摆动从动件　即凸轮机构的从动杆做往复摆动，如图 2–2–4（b）所示。

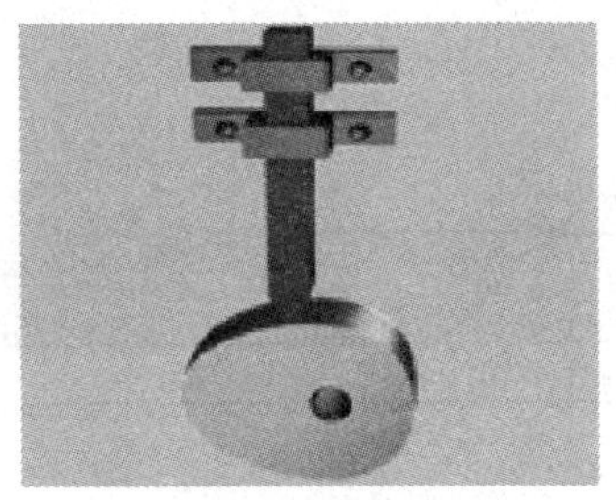

（a）直动从动件

（b）摆动从动件

图 2-2-4　凸轮机构按从动件运动形式分类

笔记

想一想

本任务中的凸轮机构是按不同的方式划分的类型，同学们将它命名为哪一种？

三、凸轮机构的优缺点

1. 凸轮机构的优点

（1）只要设计出凸轮轮廓线，从动件就能实现任何预期的运动规律。

（2）结构设计简单、紧凑、使用方便。

2. 凸轮机构的缺点

（1）属于高副机构，承载能力低，适合传力不大的场合，主要用于控制机构。

（2）凸轮轮廓加工困难。

网站

观看教材网站：单元二任务 2.2 教学动画。

步骤二　分析凸轮机构从动件常用运动规律

相关知识

一、盘形凸轮机构的基本尺寸和运动参数

以图 2-2-5 所示尖顶直动从动件盘形凸轮机构为例，说明原动件凸轮与从动件间的工作过程和有关名称。以凸轮轴心 O 为圆心，以凸轮轮廓的最小向径 r_b 为半径所作的圆称为基圆，r_b 即为基圆半径，凸轮以等角速度 ω 顺时针转动。在图示位置，尖顶与 A 点接触，A 点是基圆与开始上升的轮廓曲线的交点，此时从动件的尖顶离凸轮轴心最近，从动件处于上升的最低位置。

笔记

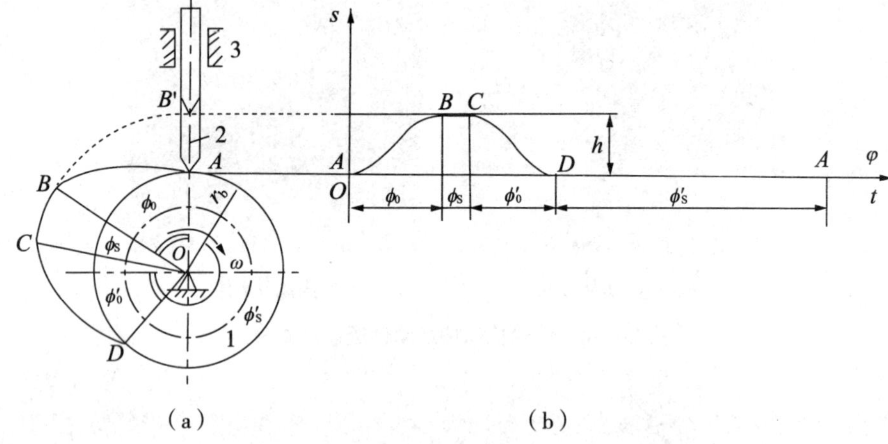

（a）　　　　（b）

图 2–2–5　对心式尖顶直动从动件盘形凸轮机构的运动过程

1. 推程

凸轮转动，向径增大，从动件按一定规律被推上远处，到向径最大的 *B* 点与尖顶接触时，从动件被推向最远处，这一过程称为推程。与之对应的转角（∠*AOB*）称为推程运动角 ϕ_0，从动件移动的最大距离称为行程，用 *h* 表示。

2. 远休止角 ϕ_s

凸轮继续转动，圆弧 *BC* 与尖顶接触，由于凸轮的向径没有变化，从动件在最远处停止不动，对应的转角称为远休止角 ϕ_s。

3. 回程

凸轮继续转动，尖顶与向径逐渐变小的 *CD* 段轮廓接触，从动件返回，这一过程称为回程，对应的转角称为回程运动角 ϕ'_0。

4. 近休止角 ϕ'_s

凸轮继续转动，圆弧 *DA* 与尖顶接触时，由于凸轮的向径没有变化，从动件在最近处停止不动，对应的转角称为近休止角 ϕ'_s。

当凸轮继续回转时，从动件重复上述的升—停—降—停的运动循环。通常推程是凸轮机构的工作行程，而回程则是凸轮机构的空回行程。

从动件的位移 *s* 与凸轮的转角 ϕ 的关系可以用曲线来表示，该曲线称为从动件的位移曲线（也称为 s—ϕ 曲线），如图 2–2–5（b）所示。由于大多数凸轮做等速转动，转角与时间成正比，因此横坐标也代表时间 *t*。位移曲线直观地表示了从动件的位移变化规律，它是凸轮轮廓设计的依据。

想一想

本任务中凸轮机构的运动参数分别是多少？

笔记

二、常用的从动件运动规律

1. 等速运动规律

从动件上升或下降的速度为一常数的运动规律称为等速运动规律。

设凸轮以等角速度 ω_1 回转，当凸轮转过推程运动角 ϕ 时，推杆等速上升 h，其推程的运动方程为

$$\left.\begin{aligned} s &= \frac{h\varphi}{\phi} \\ v &= \frac{h\omega_1}{\phi} \\ a &= 0 \end{aligned}\right\} \tag{2-2-1}$$

在推程阶段，凸轮以等角速度 ω_1 转动，经过 T 时间，凸轮转过的推程运动角为 ϕ，而从动件等速完成的行程为 h。从动件的位移 s 与凸轮转角 φ 成正比，其推程运动线如图 2-2-6 所示，即位移曲线为一过原点的倾斜直线。

在回程阶段，凸轮以等角速度 ω 转动，经过 T' 时间，凸轮转过的回程运动角 ϕ'，而从动件等速下降 h。同理，可推得从动件在回程阶段的运动方程。

由图 2-2-6 可知，从动件在运动开始时，凸轮开始转动的瞬间，速度由零突变为 v_0，运动终止时，速度由 v_0 突变为零，由于速度发生突变，而这时的加速度在理论上达到无穷大（当然由于材料的弹性变形，实际上不能达到无穷大），致使从动件突然产生非常大的惯性力，因而使凸轮机构受到极大的冲击，这种冲击称为刚性冲击，这对工作是不利的。因此，如果单独采用这种运动规律，只适用于低速轻载的场合。

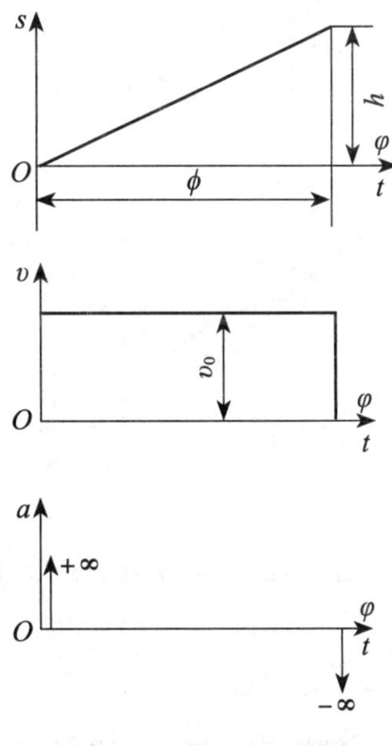

图 2-2-6　等速运动规律

做一做

试绘制本任务中凸轮顺时针匀速转过 150°，从动件以等速运动上升 30mm 的位移曲线图。

2. 余弦加速度运动规律

当质点在圆周上做匀速运动时，质点在该圆直径上的投影所构成的运动规律称为简谐运动规律。从动件做简谐运动时，其加速度是按余弦规律变化，故这种运动规律称为余弦加速度运动规律。

笔记

当推程的加速度按余弦规律变化时，其推程的运动方程式为

$$\left.\begin{aligned} s &= \frac{h[1-\cos(\pi\varphi/\phi)]}{2} \\ v &= \frac{\pi h\omega_1 \sin(\pi\varphi/\phi)}{2\phi} \\ a &= \frac{\pi^2 h\omega_1^2 \cos(\pi\varphi/\phi)}{2\varphi_1^2} \end{aligned}\right\} \quad (2\text{–}2\text{–}2)$$

如图 2–2–7 所示为推程余弦加速度运动规律的运动线图。由图可见，这种运动规律在始、末两点加速度有突变，故也会引起柔性冲击，因此在一般情况下它也只适用于中速中载场合，当从动件做升—降—升运动循环时，若在推程和回程中都采用这种运动规律，则可用于高速凸轮机构。

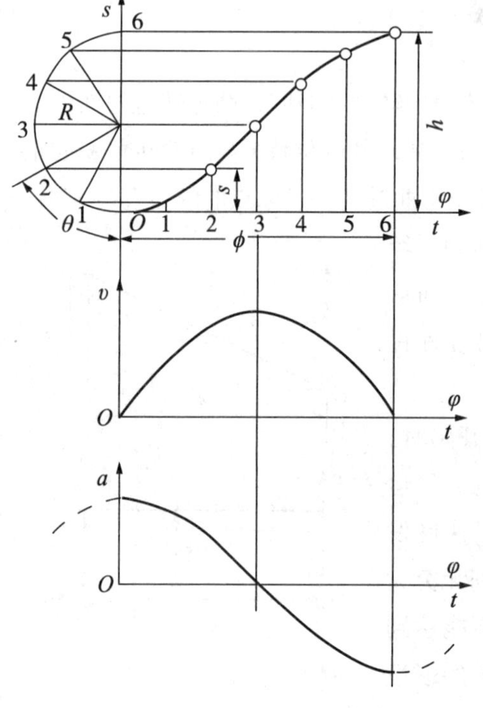

图 2–2–7　余弦加速度运动规律

这种运动规律位移曲线的画法如图 2–2–7 所示。以从动件的行程 h 为直径画半圆，将此半圆和横坐标轴上的推程运动角 ϕ 对应等分（图中为六等分），再过半圆周上各分点作水平线与 φ 中的对应等分点的垂直线各交于一点，过这些点连成光滑曲线即为所画的推程位移曲线。

做一做

试绘制本任务中凸轮顺时针匀速转过 120°，从动件以余弦加速度回到原位的位移图。

3. 其他运动规律

除上述运动规律外，还有等加速等减速运动规律及正弦加速度等运动规律。等加速等减速运动规律的速度曲线是连续的，不会产生刚性冲击，但其加速度会有突变且为有限值，故产生柔性冲击，可用于中速轻载的场合。正弦加速度运动规律的加速度是连续的，故在整个运动过程中既无刚性冲击又无柔性冲击，它们多用于高速凸轮机构中。

笔记

有时为了满足使用要求，也可以对位移曲线图进行局部修改，或将几种运动规律加以组合使用，以便获得较理想的运动特性和动力特性。对某些低速且运动规律要求又不甚严格的凸轮机构，还可以用圆弧和直线作为凸轮轮廓。总之，设计时必须根据实践中的使用要求和具体条件来选择从动件的运动规律。

三、从动件运动规律的选择

在选择从动件运动规律时，应根据机器工作时运动要求来确定。例如，机床中控制刀架进刀的凸轮机构，要求刀架进刀时做等速运动，则从动件要选择等速运动规律，至于行程始、末端，可以通过拼接其他运动规律的曲线来消除冲击；对无一定运动要求，只需要从动件有一定位移量的凸轮机构，如夹紧送料等凸轮机构，可只考虑加工方便，采用圆弧、直线等组成的凸轮轮廓；对于高速机构，应减小惯性力、改善动力性能，可选用正弦加速度运动规律或其他改进型的运动规律。

步骤三　分析影响凸轮机构工作的参数

相关知识

设计凸轮机构，不仅要保证从动件能实现预期的运动规律，而且还要求动力性能好和结构紧凑。影响这些要求的主要因素是压力角、基圆半径和滚子半径。本节主要讨论这些问题。

一、压力角的选择

所谓压力角，是作用在从动件上的驱动力与该力作用点绝对速度之间所夹的锐角。在不计摩擦时，高副中构件间的力是沿法线方向作用的，因此凸轮机构的压力角即为：凸轮轮廓曲线上某点的法线方向（受力方向）与从动件的运动速度方向之间所夹的锐角称为凸轮轮廓上该点的压力角。凸轮轮廓上各点的压力角不等。

如图 2-2-8 所示为尖顶直动从动件凸轮机构。当不计凸轮与从动件之间的摩擦时，作用于从动件的法向力 F 可分解成两个分力，即

$F_1=F\cdot\sin\alpha$（有害分力）

$F_2=F\cdot\cos\alpha$（有效分力）

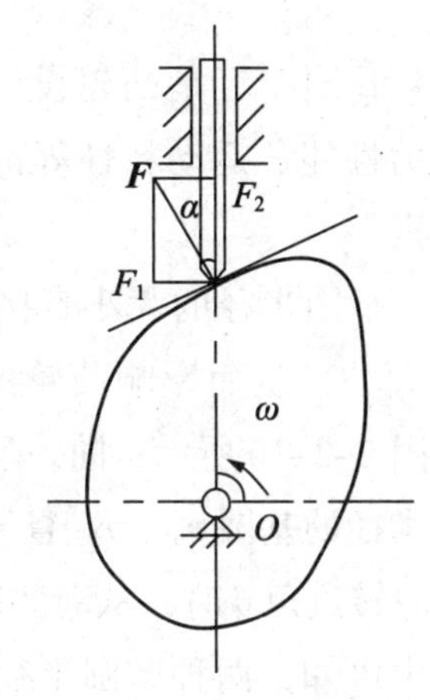

图 2-2-8　凸轮机构的压力角

笔记

F_2分力与从动件运动方向相同，是推动从动件产生速度的有效分力；F_2垂直于从动件，作用于从动件的导路上，是导路的正压力，也是产生摩擦损耗的有害分力。显然，压力角 α 越小，有效分力越大，有害分力越小；反之，压力角越大，有效分力越小，有害分力越大。凸轮机构因为有运动规律的要求，压力角 α 不可能很小。但也要防止压力角过大的情况，压力角过大，不仅有害分力大、摩擦损耗大，而且可能发生机构自锁现象。

由上述关系可知，压力角 α 越大，有效分力 F_2 越小，有害分力 F_1 越大。当 α 角增大到某一数值时，必将出现 $F_2 \leqslant F_1$ 的情况。这时，不论施加多大的力 F，都不能使从动件运动，这种现象称为自锁。因此，为了保证凸轮机构的正常工作，必须对凸轮机构的压力角加以限制，即使其最大压力角 α_{max} 始终小于或等于许用压力角［α］。

推荐推程许用压力角取如下数值：移动从动件［α］=30°，摆动从动件［α］=45°。

回程中从动件通常是靠外力或自重作用返回的，一般不会出现自锁现象，压力角可以取大一些，推荐［α］=70° ~ 80°。

凸轮轮廓曲线画好后，要进行压力角的校核，即凸轮轮廓曲线上各点的压力角不能大于许用压力。

一般的做法是按图 2-2-9 所示，在凸轮轮廓曲线上取升程范围内曲率半径较大的点上（视觉比较陡的地方），绘出法线和从动件的速度方向线，其夹角就是该点的压力角。经比较，若压力角大于许用压力角，则可采用增大基圆半径或将对心式从动件改为偏置式从动件的方法，以减小推程中的压力角。

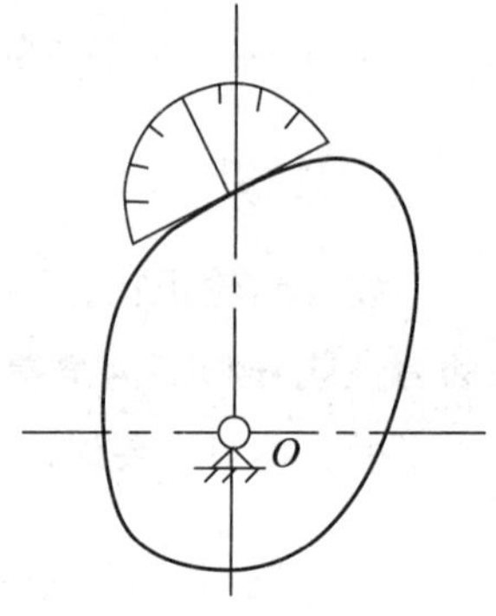

图 2-2-9　压力角的测量

网站

观看教材网站：单元二任务 2.2 教学动画。

二、凸轮基圆半径的选择

基圆半径是凸轮设计中的一个重要参数。它对凸轮机构的结构尺寸、传力性能、运动特性等都有影响。因此，选择凸轮基圆半径时应考虑以下因素。

基圆半径的大小直接影响压力角的大小，从而影响凸轮的工作能力。如图 2-2-10 所示，同一个凸轮预选两种半径的基圆 r_{b1}、r_{b2} 且 $r_{b1} < r_{b2}$，当凸轮转过角 δ 时，从动件都位移 s，从图中可知，两种基圆半径其压力角不同，$\alpha_1 > \alpha_2$。也就是基圆半径小的压

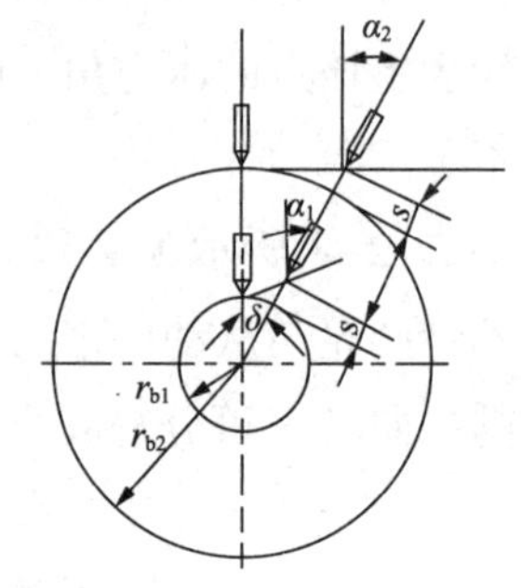

图 2-2-10　凸轮基圆半径与压力角的关系

力角比基圆半径大的压力角大。为得到较好的凸轮传力性能，提高传动效率，凸轮的压力角该取小些，即基圆半径该取大些。

凸轮机构工作时，有较大的轴压力，为提高传动刚度，凸轮的支承轴直径不能太小，这样凸轮基圆半径就要取大些。一般情况下，为使凸轮机构紧凑些，在传动刚度允许的情况下，凸轮基圆半径又需要尽量取小一些。具体设计可按下列经验公式确定。

（1）当 e=0 时，偏距圆的切线就是过 O 点的径向线（即从动件反转后的导路线），按上述相同方法即得到对心式直动尖顶从动件盘形凸轮的轮廓曲线。

网站

观看教材网站：单元二任务 2.2 教学动画。

$$r_b=1.8r+r_g+(6\sim10)\ \text{mm}$$

式中，r_b 为凸轮基圆半径（mm）；r 为凸轮轴半径（mm）；r_g 为凸轮从动件滚子半径（mm）。

（2）当 $e>0$ 即采用偏置式从动件时，如图 2-2-11 所示，若凸轮逆时针转动，从动件偏置在凸轮转动中心右侧时压力角较小；当凸轮顺时针转动时，从动件采用左偏置压力角较小。因此，为了减小压力角，宜取较大的基圆半径；欲使结构紧凑，则应尽可能减小基圆半径。因此，设计时在满足 $\alpha_{max}\leqslant[\alpha]$ 的条件下应尽可能取小的基圆半径。

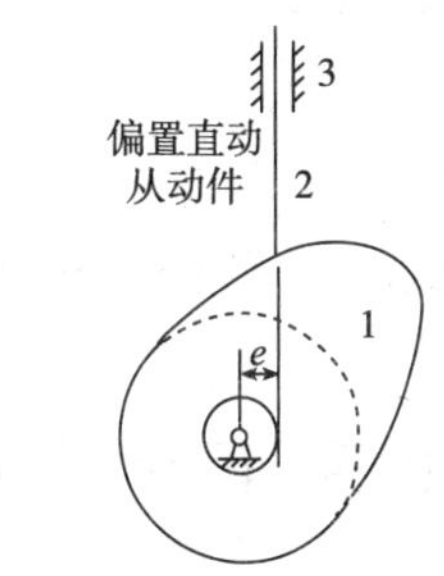

1—凸轮　2—连杆　3—机架

图 2-2-11　偏置式从动件凸轮机构

三、滚子半径的选择

滚子从动件由于摩擦和磨损小而在凸轮机构中得以广泛应用。滚子半径的大小又直接影响凸轮机构的传动性能，为了提高滚子的强度和耐磨性，应选择较大的滚子半径，但滚子半径的增大将受到理论轮廓曲线上最小曲率半径的限制。具体设计可按如下方法进行。

首先，了解滚子半径 r_g 与凸轮轮廓曲率半径 ρ 和实际凸轮轮廓曲率半径 ρ' 的关系。如图 2-2-12（a）所示，凸轮外凸部分理论轮廓最小曲率半径为 ρ_{min}，实际轮廓曲率半径 $\rho'=\rho_{min}-r_g$。

其次，对 ρ_{min} 和 r_g 进行比较。

若 $\rho_{min}>r_g$，则 $\rho'>0$，这时实际轮廓是较为圆滑的曲线。

若 $\rho_{min}<r_g$，则 $\rho'<0$，滚子的包络线有一部分互相干涉而变尖，如图 2-2-12（b）所示，工作时，不仅变尖部分极易损坏，而且因相交部分在加工时被切去使从动件的运动失真。

笔记

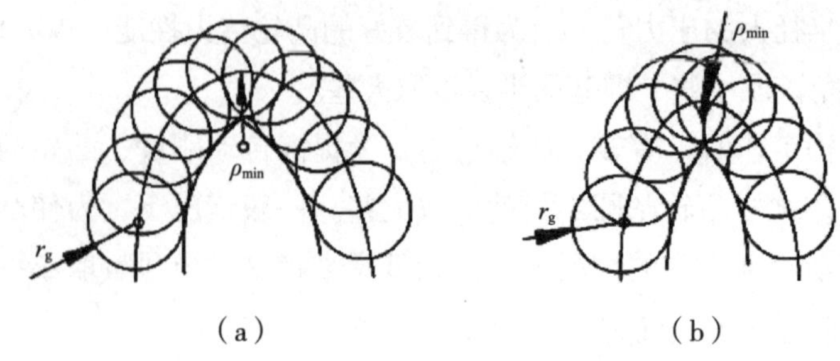

图 2-2-12　滚子半径的选择

因此，选择滚子半径 r_g 时，考虑到强度和传力情况，r_g 应该取大些；但考虑到滚子半径过大，大于曲线突出部分而使曲线变尖，则 r_g 又要取小些。一般取 r_g=（0.1 ~ 0.5）r_0，然后校验 $r_g \leqslant 0.8\rho_{min}$。这样既能有足够的强度和较好的传力性能，又能使凸轮升程轮廓曲线和回程轮廓曲线中间的过渡弧较圆滑而不变尖。

做一做

请同学们对盘形凸轮平底从动件的参数进行分析。

步骤四　设计凸轮机构

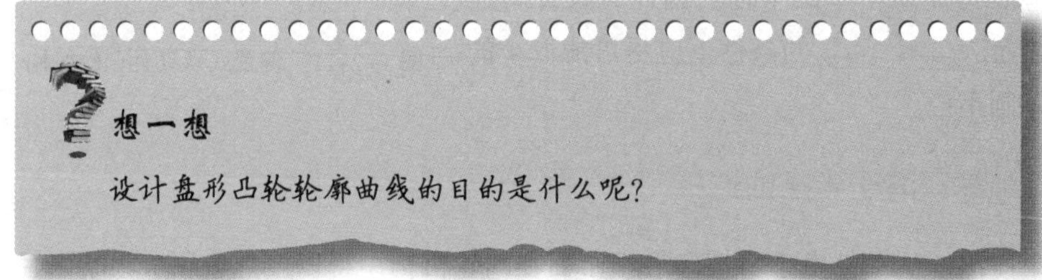

相关知识

一、凸轮机构的完整设计过程

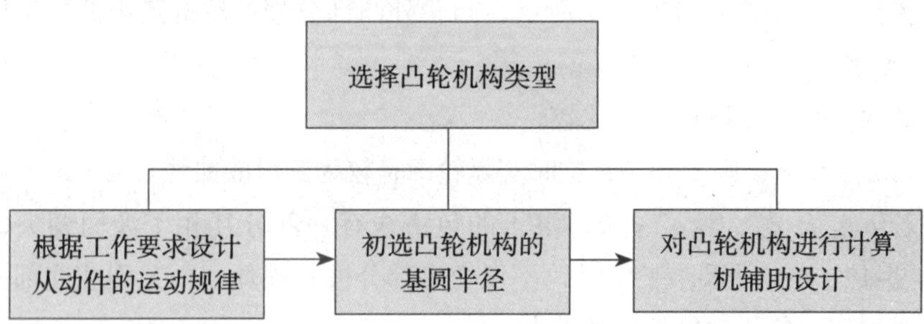

二、凸轮轮廓曲线的设计方法

从动件的运动规律和凸轮基圆半径确定后，即可进行凸轮轮廓设计。其设计方法有图解法和解析法两种。图解法简便易行，而且直观，但作图误差大、精度较低，适用于低速或对从动件运动规律要求不高的一般精度凸轮设计。对于精度要求高的高速凸轮、靠模凸轮，必须用解析法列出凸轮轮廓曲线的方程，借助于计算机辅助设计精确地设计凸轮轮廓。另外，采用的加工方法不同，则凸轮轮廓的设计方法也不同。本节只介绍用图解法设计凸轮轮廓。

网络空间

参考教学资源单元二任务2.2 教学录像。

用图解法设计凸轮轮廓曲线，是以相对运动原理为基础的。当凸轮机构工作时，凸轮是运动的；而绘制凸轮轮廓曲线时，应假想使凸轮相对静止。如图 2-2-13 所示为一对心式尖顶直动从动件盘形凸轮机构，当凸轮以等角速度 ω_1 绕轴心 O 转动时，从动件按预期运动规律运动。现设想在整个凸轮机构（从动件、凸轮、导路）上加一个与凸轮角速度 ω_1 大小相等、方向相反的角速度 $-\omega_1$，于是凸轮静止不动，而从动件与导路一起以角速度 $-\omega_1$ 绕凸轮转动，且从动件仍以原来的运动规律相对于导路移动（或摆动）。由于从动件尖顶与凸轮轮廓始终接触，所以加上反转角速度后从动件尖顶的运动轨迹就是凸轮轮廓曲线。把原来转动的凸轮看成静止不动的，而把原来静止不动的导路及原来往复移动的从动件看成反转运动的这一原理，称为“反转法”原理。假若从动件是滚子从动件，则滚子中心可看作从动件的尖顶，其运动轨迹就是凸轮的理论轮廓曲线，凸轮的实际轮廓曲线是与理论轮廓曲线相距滚子半径 r_g 的一条等距曲线。

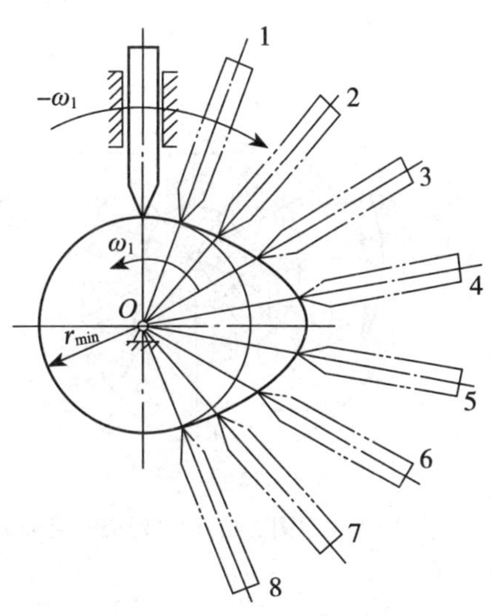

图 2-2-13 凸轮反转法设计原理

三、对心式直动平底从动件盘形凸轮轮廓曲线的设计

此设计可将推杆导路中心线与其平底的交点 O 视为尖顶推杆的尖顶，先用反转法确定尖顶的各位置点。

设计步骤如下。

（1）选取适当的比例尺作从动件的位移曲线图，如图 2-2-14（b）所示，

笔记

并将位移曲线图横坐标上代表推程运动角 δ_1 和回程运动角 δ_2 的线段分为若干等份，过这些等分点分别作垂线，这些垂线与位移曲线相交所得的线段 11′、22′、33′…即代表相应位置的从动件位移量。

（2）选取与位移曲线图相同的比例尺。任取一点 O 为圆心，以已知的基圆半径 r_b 作凸轮的基圆。

（3）自 OA_0 开始，沿（$-\omega$）方向在基圆上量取各运动阶段的凸轮转角 δ_1、δ_2、δ_3。再将这些角度各分为与从动件位移曲线图同样的等份，从而在基圆上得相应的等分点 A_1'、A_2'、A_3'…连接 OA_1'、OA_2'、OA_3'…即代表机构在反转后各瞬时位置从动件尖顶相对导路（即移动方向）的方向线。

（4）在 OA_1'、OA_2'、OA_3'…的延长线上分别截取 $A_1'A_1$、$A_2'A_2$、$A_3'A_3$…得到机构反转后从动件尖顶的一系列位置点 A_1、A_2、A_3…

（5）过 A_1、A_2、A_3…作一系列代表平底的直线，作此直线族的包络线即为凸轮的工作轮廓曲线，如图 2-2-14（a）所示。

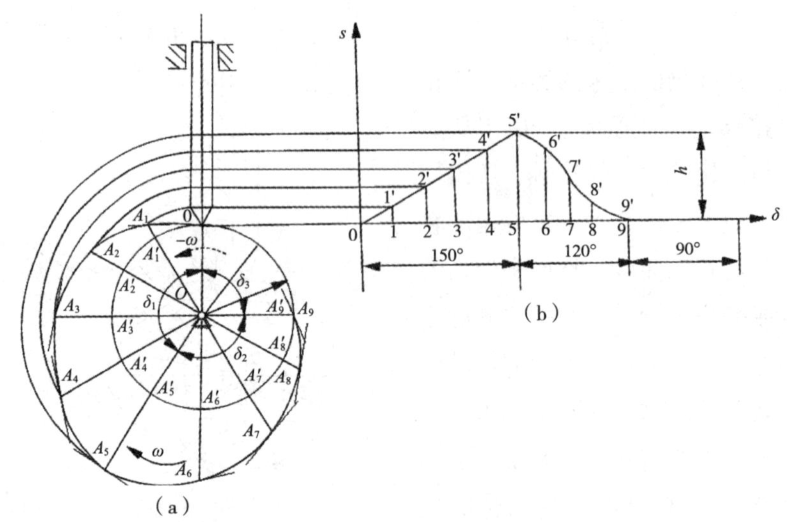

图 2-2-14　对心式直动尖顶从动件盘形凸轮轮廓的设计

四、创新设计

1. 偏置直动尖顶从动件盘形凸轮轮廓的设计

已知偏距为 e，基圆半径为 r_0，凸轮以角速度 ω 顺时针转动，从动件的位移图线如图 2-2-15（b）所示 。设计该凸轮的轮廓曲线。

设计步骤如下。

（1）以与位移线图相同的比例尺作偏距圆（以 e 为半径的圆）及基圆，过偏距圆上任一点 K 作偏距圆的切线作为从动件导路，并与基圆相交于 B_0 点，该点也就是从动件尖顶的起始位置。

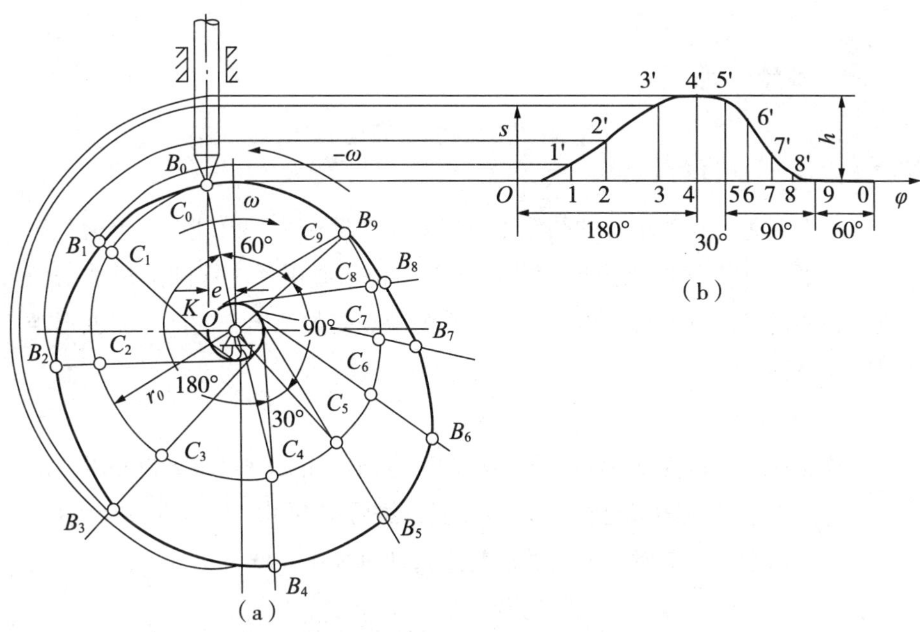

图 2-2-15 偏置直动尖顶从动件盘形凸轮设计

网站

观看教材网站：单元二任务2.2 教学动画。

（2）从 OB_0 开始按 $-\omega$ 方向在基圆上画出推程运动角 180°（ϕ_0）、远休止角 30°（ϕ_S）、回程运动角 90°（ϕ'_0）、近休止角 60°（ϕ'_S），并在相应段与位移线图对应划分出若干等份，得点 C_1、C_2、C_3…

（3）过各等分点 C_1、C_2、C_3…向偏距圆作切线，作为从动件反转后的导路线。

（4）在以上导路线上，从基圆上的点 C_1、C_2、C_3…开始向外量取相应的位移量得 B_1、B_2、B_3…即 $B_1C_1=11'$，$B_2C_2=22'$，$B_3C_3=33'$，得出反转后从动件尖顶的位置。

（5）将点 B_1、B_2、B_3…连成光滑曲线即是凸轮的轮廓曲线。

2. 滚子从动件盘形凸轮轮廓的设计

网站

观看教材网站：单元二任务2.2 教学动画。

仍利用上述已知条件，需再给定滚子半径。其凸轮轮廓曲线的画法可分两步进行。

（1）绘制凸轮的理论轮廓曲线。

将滚子中心看作尖顶从动件的尖顶，按上述方法作凸轮的理论轮廓曲线 η。

（2）绘制凸轮的实际轮廓曲线。

以理论轮廓曲线 η 上各点为圆心，以滚子半径 r_g 为半径作一系列的圆，最后作这些圆的包络线 η'，η' 就是滚子从动件盘形凸轮的实际轮廓曲线，如图 2-2-16 所示。从图中可知，滚子从动件盘形凸轮的基圆半径是在理论轮廓上度量的。

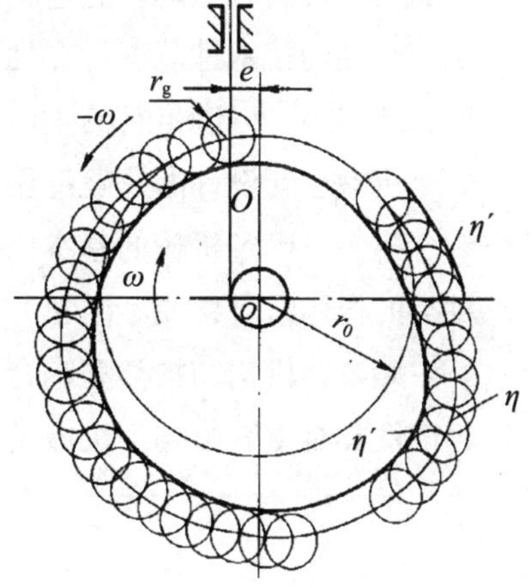

图 2-2-16 滚子从动件盘形凸轮设计

笔记

多学一点

凸轮轮廓的加工方法

1. 铣、锉削加工

对于低速、轻载场合的凸轮，可以应用“反转法”原理在未淬火凸轮轮坯上通过作图法绘制出轮廓曲线，采用铣床或用手工锉削办法加工而成，必要时可进行淬火处理。这种方法的缺点是加工出来的凸轮其变形难以得到修正。

2. 数控加工

数控加工是目前常用的一种凸轮加工方法。加工时应用解析法求出凸轮轮廓曲线上各点的极坐标（ρ，θ）值，然后用专用编程软件进行编程，在数控线切割机床上对淬火后的凸轮进行切割加工。此方法加工出的凸轮精度高，适用于高速、重载的场合。

做一做

同学们分小组，按照上述设计步骤，设计并绘制出内燃机配气机构中盘形凸轮构件外形图样，完成学习任务。

新视野

机械创新设计技术

机械创新设计是充分发挥设计者的创造力，利用人类已有的相关科学技术成果进行创新构思设计出具有新颖性、创造性及实用性的机构或机械产品的一种实践活动。它包括两个部分：一是改进完善生产或生活中现有机械产品的技术性能、可靠性、经济性、适用性等；二是创新设计出新机器、新产品，以满足新的生产或生活的需要。

机械创新设计的一般过程可以归纳为以下三步。

第一，确定机械的基本原理，它会涉及机械学对象的不同层次、不同种类的机构组合，或不同学科知识、技术的问题。

第二，机构结构类型综合及优选，优选的结构类型对机械整体性能和经济性具有重大影响，机械发明专利的大部分属于结构类型的创新设计。

第三，机构运动尺寸综合及其运动参数优选，其难点在于求得非线性方程组的完全解，为优选方案提供较大的空间。随着优化法、代数消元法等数学方法引入机构学，该问题有了突破性的进展。

机械创新设计涉及多学科，如机械、液压、电力、气动、热力、电子、光电、电磁及控制等多种科技的交叉、渗透与融合。

在进行机械创新设计时应尽可能在较多方案中进行方案优选，即在大的设计空间内，基于知识、经验、灵感与想象力的系统中搜索并优化设计方案。

机械创新设计是多次重复、多次筛选的过程，每一设计阶段有其特定内容与方法，但各阶段之间又密切相关，形成一个整体的系统设计。

巩固与拓展

一、知识巩固

对照本任务知识脉络图，梳理自己所掌握的知识体系，并与同学相互交流、研讨个人对某些知识点或技能技巧的理解。

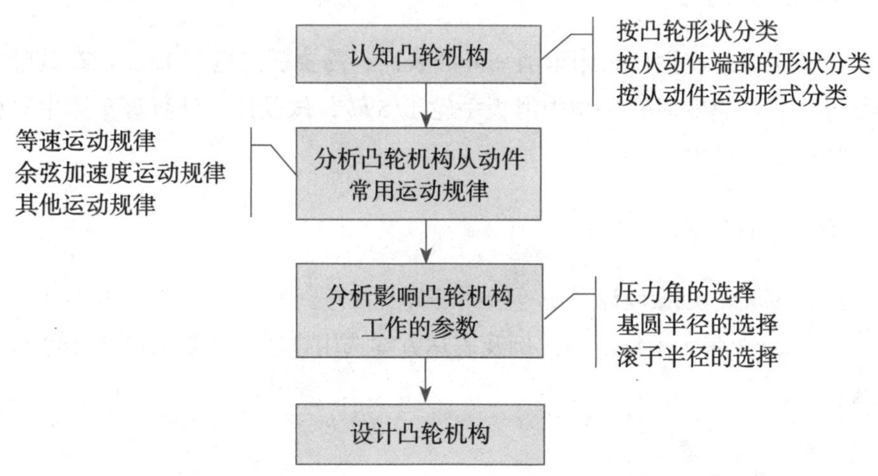

二、拓展任务

（1）根据任务 2.2 的工作步骤及方法，利用所学知识，完成自主学习手册中的拓展任务。

（2）查阅自主学习手册，凸轮的实际轮廓线能否通过由理论轮廓沿导路线方向减去滚子半径求得？

（3）若设计时得出 $\alpha \leqslant [\alpha]$，应采取什么办法解决这个问题？

手册

完成《自主学习手册》单元二任务 2.2 拓展任务。

笔记

任务 2.3 螺旋机构设计

任务目标

通过学习本任务，学生应达到以下目标：

☐ 了解螺旋传动的功用、类型及应用特点；

☐ 掌握螺旋传动方向判定和移动距离的计算；

☐ 了解螺旋传动的设计步骤及注意事项；

☐ 掌握螺旋传动材料的选择。

手册

完成《自主学习手册》单元二任务 2.3 学习导引。

任务描述

● 任务内容

学徒工小赵使用该车床车削一外圆表面，需要横向进刀 1mm，在其师傅的指导下，小赵顺时针转动中滑板手轮 1/5 转，试设计、计算该车床中滑板丝杠的旋向、导程。

网络空间

参考教学资源单元二任务 2.3 助学课件。

● 实施条件

☐ 计算器、机械设计手册等绘图工具及参考资料。

☐ 图纸 1 张（根据所选比例及表达方案选用合适的图幅）、CA6140 车床三维模型。

笔记

程序与方法

步骤一　认识螺旋机构的类型

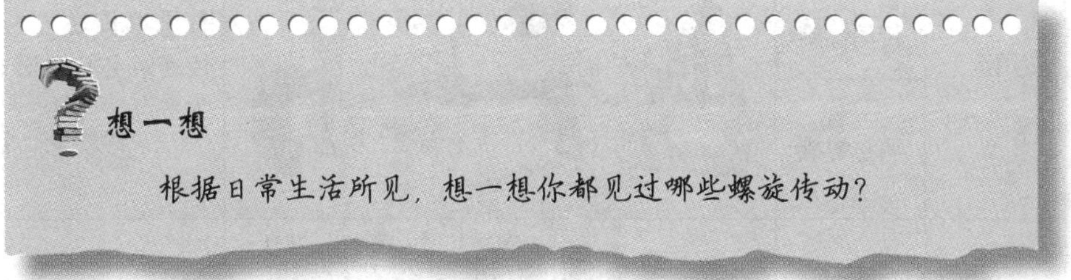

相关知识

一、螺旋传动的概述

螺旋传动在 CA6140 车床中的应用广泛（如图 2–3–1 所示）。在该车床中丝杠将进给运动传给溜板箱，完成螺纹车削；中、小滑板丝杠实现车刀的横向、纵向进给运动；尾座丝杠实现套筒的纵向进给运动。

网站

观看教材网站：单元二任务 2.3 教学视频。

图 2–3–1　CA6140 车床示意

二、螺旋传动的运动特点及类型

螺旋传动是利用螺杆和螺母组成的螺旋副来实现传动要求。它主要用于将回转运动转换为直线运动，同时传递运动和动力。螺旋传动常见的类型如表 2–3–1 所示。

笔记

网络空间

参考教学资源单元二任务2.3 教学录像。

表 2-3-1　螺旋传动的类型

分类依据	螺纹类型	图　例	说　明
按用途分	传力螺旋	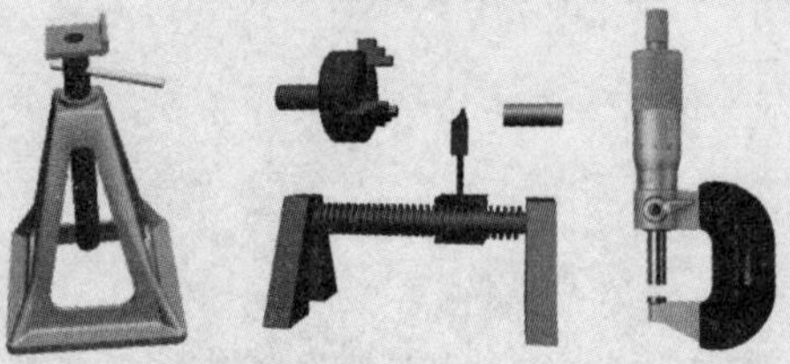	分别以传递力、传递运动和调整为主
	传动螺旋		
	调整螺旋		
按工作原理分	普通螺旋	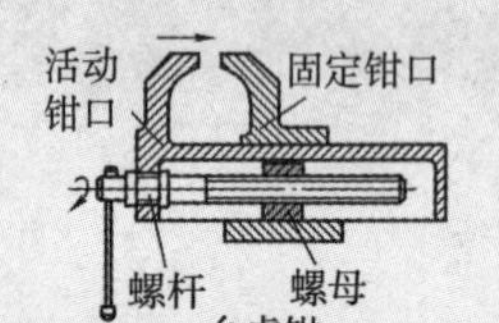 台虎钳；螺纹千斤顶；观察镜螺旋调整装置	由螺杆和螺母组成的简单螺旋副实现的传动，具体有四种应用形式，如左图所示
	差动螺旋	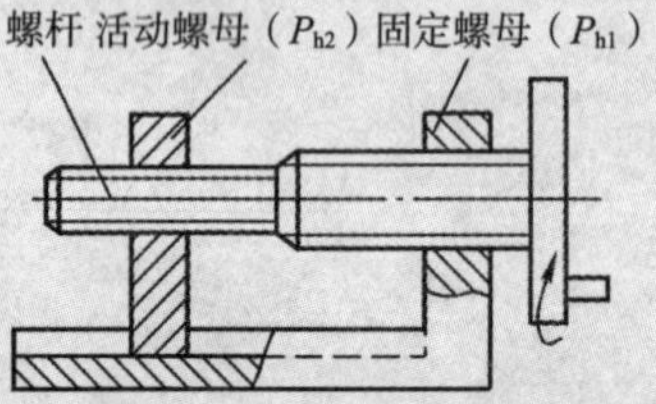 螺杆 活动螺母（P_{h2}）固定螺母（P_{h1}）	螺杆上有两段不同导程的螺纹（P_{h1} 和 P_{h2}），分别与固定螺母和活动螺母组成两个螺旋副
	滚珠丝杠	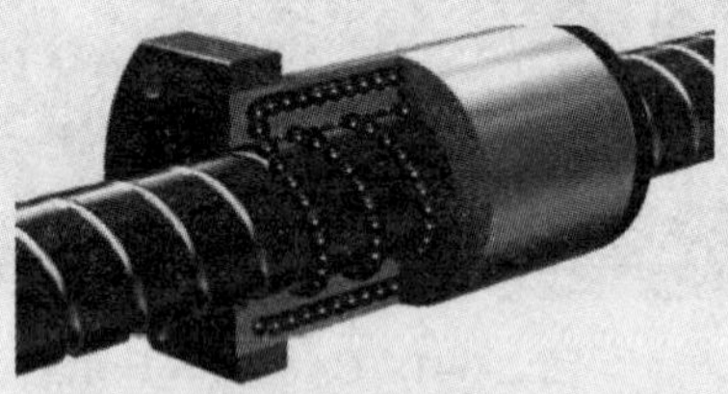	具有圆弧形螺旋槽的螺杆和螺母之间连续装填若干滚动体，工作时，滚动体沿螺纹滚道循环滚动
按螺旋副的摩擦性质分	滑动螺旋	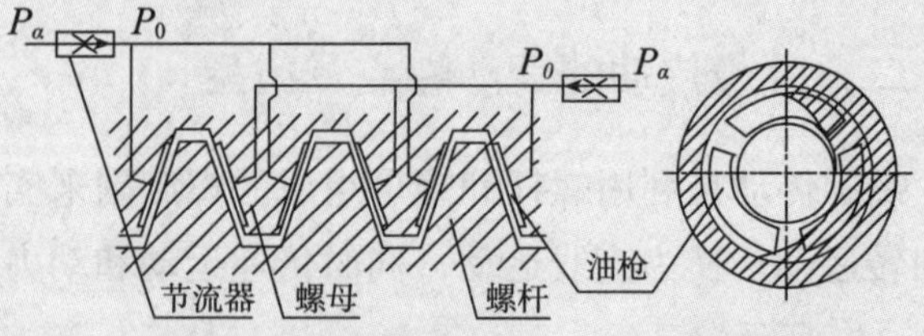 滑动螺旋结构简单，便于制造，易于自锁，但其摩擦阻力大，传动效率低，磨损大，传动精度低；滚动螺旋和静压螺旋的摩擦阻力小，传动效率高，但结构复杂，在高精度、高效率的重要传动中采用，静压螺旋工作原理如上图所示	
	滚动螺旋		
	静压螺旋		

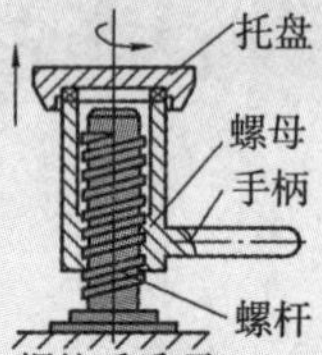

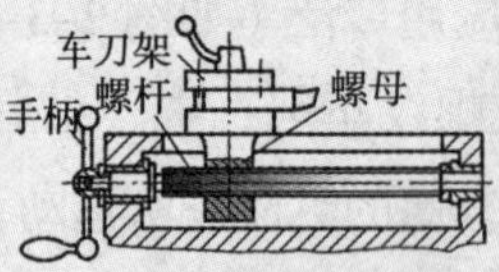

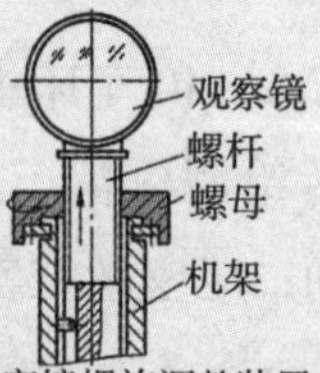

想一想

CA6140 车床中螺旋传动属于上述哪一种类型？描述其工作过程。

步骤二　分析滑动螺旋的结构及材料选择

相关知识

一、螺母结构

（1）整体螺母　如图 2–3–2 所示，不能调整间隙，只能用在轻载且精度要求较低的场合。

（2）组合螺母　如图 2–3–3 所示为车床中滑板丝杠与螺母。首先将固定螺钉 1 旋松，通过拧紧螺钉 2 驱使楔块 3 将其两侧螺母拧紧，以便减少丝杠与螺母之间的间隙，提高传动精度。调整后，要求中滑板丝杠手柄摇动灵活，不能过紧，调整好后注意将螺钉 1 拧紧。

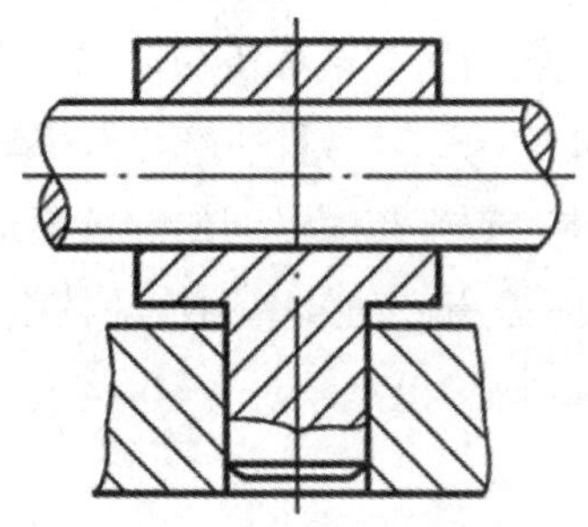

图 2–3–2　整体螺母

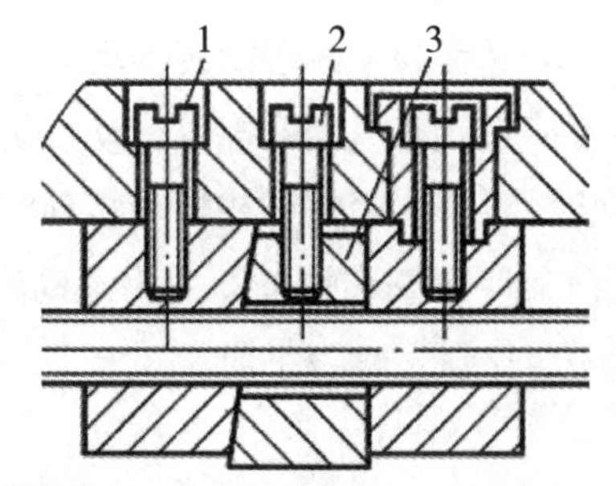

1—固定螺钉　2—调整螺钉　3—调整楔块

图 2–3–3　组合螺母

（3）对开螺母　如图 2–3–4 所示，这种螺母便于操作，一般用于车床溜板箱的螺旋传动。

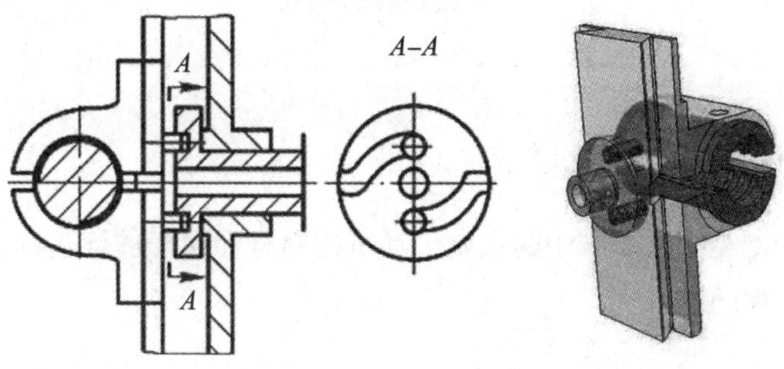

图 2–3–4　对开螺母

笔记

网站

观看教材网站：单元二任务 2.3　教学视频。

笔记

二、螺杆结构

传动螺旋通常采用牙型为矩形、梯形或锯齿形的右旋螺纹。特殊情况下也采用左旋螺纹，如为了符合操作习惯，车床横向进给丝杠螺纹即采用左旋螺纹。

三、选择材料

由于滑动螺旋传动中的摩擦较严重，故要求螺旋传动材料的耐磨性能、抗弯性能都好。一般螺杆材料的选用原则如下。

（1）高精度传动时多选用碳素工具钢。

（2）需要较高硬度，如 50 ~ 56HRC 时，可采用铬锰合金钢；当需要硬度为 35 ~ 45HRC 时，可采用 65Mn 钢。

（3）一般情况下可采用 45、50 号钢。

螺母材料可用铸造锡青铜，重载低速的场合可选用强度高的铸造铝铁青铜，而轻载低速时也可选用耐磨铸铁。

多学一点

滚动螺旋为了改善螺旋传动的功能，经常采用滚动螺旋传动技术，用滚动摩擦来代替滑动摩擦。滚动螺旋传动主要由滚珠、螺杆、螺母及滚珠循环装置组成，当螺杆或螺母转动时，滚动体在螺杆与螺母间的螺纹滚道内滚动，使螺杆和螺母间变为滚动摩擦，从而提高传动效率和传动精度。详细内容见自主学习手册。

网站

观看教材网站：单元二任务2.3 教学视频。

做一做

如果为 CA6140 车床中的螺旋传动机构螺母和螺杆进行选材，你如何选择呢？说出你的理由。

步骤三　设计螺旋传动机构

相关知识

一、设计机床螺旋传动丝杠的旋向

螺旋传动时，从动件做直线运动的方向（移动方向）不仅与螺纹的回转方向有关，还与螺纹的旋向有关。正确判定螺杆或螺母的移动方向十分重要。

螺旋传动运动方向的判定，如表 2-3-2 所示。

表 2-3-2　螺旋传动运动方向的判定

判定方法	图　例	说　明
左、右手法则	右旋螺纹	右旋螺纹用右手，左旋螺纹用左手。手握空拳，四指指向与螺杆（或螺母）回转方向相同，大拇指竖直
实例 1	活动钳口　固定钳口　螺杆　螺母	螺杆（或螺母）回转并移动，螺母（或螺杆）不动，则大拇指指向即为螺杆（或螺母）的移动方向
实例 2	床鞍　丝杆　开合螺母	螺杆（或螺母）回转，螺母（或螺杆）移动，则大拇指指向的相反方向即为螺母（或螺杆）的移动方向

做一做

用左右手法则，判断 CA6140 车床中螺旋传动丝杠旋向。

二、计算机床螺旋传动丝杠的导程

在螺旋传动中，螺杆（或螺母）的移动距离与螺纹的导程有关。螺杆相对于螺母每回转一圈，螺杆（或螺母）移动一个等于导程的距离。因此，移动距离等于回转圈数与导程的乘积，即

$$L = NP_{\mathrm{h}} \qquad (2\text{-}3\text{-}1)$$

笔记

式中，L 为螺杆或螺母的移动距离（mm）；N 为回转圈数；P_h 为螺纹导程（mm）。

移动速度可按下式计算：

$$v = nP_h \tag{2-3-2}$$

式中，v 为螺杆或螺母的移动速度（mm/min）；n 为转速（r/min）。

做一做

（1）车床螺旋传动中，已知左旋双线螺杆的螺距为 8mm，若螺杆按图 2-3-5 所示方向回转两周，螺母移动多少距离？方向如何？

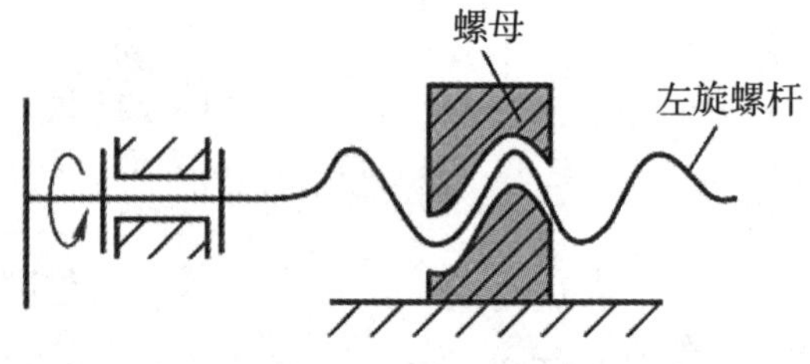

图 2-3-5　螺旋传动

（2）同学们分小组，按照上述设计步骤，绘制出螺旋机构的设计简图，完成学习任务。

新视野

机械优化设计技术

机械优化设计是一门新兴学科，它建立在数学规划理论和计算机程序设计基础上，通过计算机的数值计算，能从众多的设计方案中寻找到尽可能完善或最适宜的设计方案，使期望的经济指标达到最优，它可以成功地解决解析等其他方法难以解决的复杂问题。优化设计为工程设计提供了一种重要的科学设计方法，因而采用这种设计方法能大大提高设计效率和设计质量。

机械优化设计将机械设计的具体要求构造成数学模型，将机械设计问题转化为数学问题，构成一个完整的数学规划命题，逐步求解这个规划命题，使其最佳地满足设计要求，从而获得可行方案中的最优设计方案。优化设计改变了传统的设计方式。传统设计方法是被动地重复分析产品的性

笔记

能，而不是主动设计产品的参数。作为一项设计不仅要求方案可行、合理，而且应该是某些指标达到最优的理想方案。并从大量的可行设计方案中找出一种最优化的设计方案，从而实现最优化的设计。优化设计可以满足多方面的性能要求。产品要求总体结构尺寸小、传动效率高、生产成本低等，这些要求用传统设计方法设计是无法解决的。

实践证明，最优化设计是保证产品具有优良的性能，减小自重或体积，降低工程造价的一种有效设计方法。

巩固与拓展

一、知识巩固

对照本任务知识脉络图，梳理自己所掌握的知识体系，并与同学相互交流、研讨个人对某些知识点或技能技巧的理解。

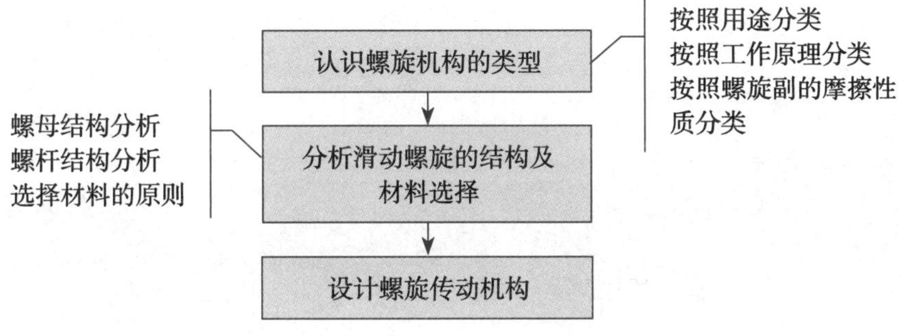

二、拓展任务

（1）根据任务 2.3 的工作步骤及方法，利用所学知识，完成自主学习手册中的拓展任务。

（2）查阅机械设计手册，谈谈自己对滚动螺旋的理解。

手册

学习《自主学习手册》单元二任务 2.3　拓展知识。

传动机构设计

传动机构是一台机器的传动系统部分，用来把动力系统的运动和力传递给执行系统。例如，下图所示成型机中的带传动、齿轮传动是将电动机输出的运动和力传递给最后端的曲柄冲压滑块机构。

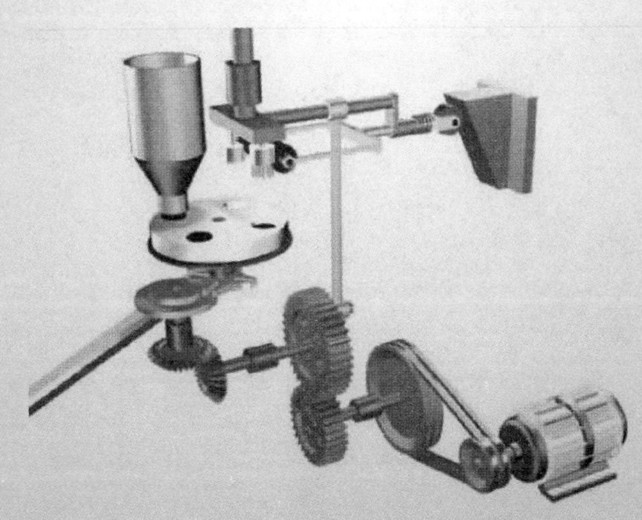

笔记

任务 3.1 带传动设计

任务目标

通过学习本任务，学生应达到以下目标：

☐ 了解带传动的作用及形式；
☐ 熟悉带传动的失效形式和设计准则；
☐ 熟悉带传动设计的原始数据和设计内容；
☐ 掌握带传动的设计步骤；
☐ 掌握带传动的设计参数选择方法。

任务描述

● 任务内容

设计带式输送机中普通 V 带传动（如图 3-1-1 所示）。电动机为 Y 系列三相异步电动机，额定功率 P = 70kW，转速 n_1 = 730r/min，鼓风机转速 n_2 = 500r/min。该机启动载荷较小，工作平稳，载荷变动小，每天工作 16h。

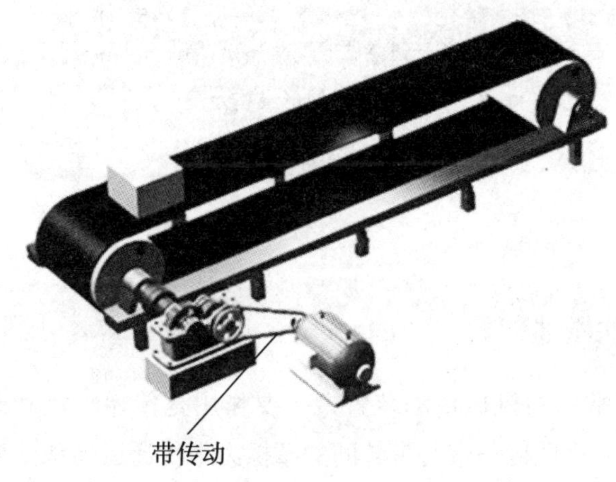

图 3-1-1　带式输送机运动示意

手册

完成《自主学习手册》单元三任务 3.1 学习导引。

笔记

网络空间

参考教学资源单元三任务3.1助学课件。

● 实施条件

□ 计算器、机械设计手册等。

□ 带式输送机动态演示、图片和三维模型。

程序与方法

步骤一　认识带传动

想一想

你见过台式钻床吗？试分析台式钻床的结构和工作原理。该台式钻床的主轴有五级变速，它是如果进行变速的（如图3-1-2所示）？

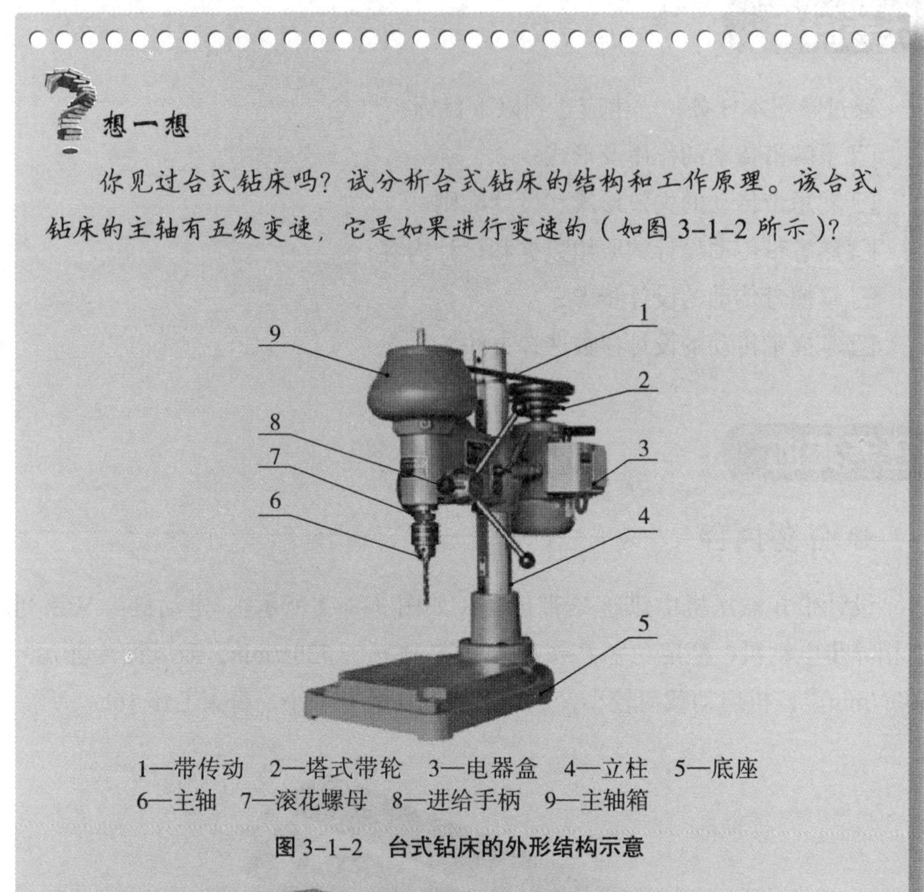

1—带传动　2—塔式带轮　3—电器盒　4—立柱　5—底座
6—主轴　7—滚花螺母　8—进给手柄　9—主轴箱

图3-1-2　台式钻床的外形结构示意

相关知识

一、带传动的概述

带传动是一种常用的机械传动装置，主要作用是传递转矩和改变转速。大部分带传动是依靠挠性传动带与带轮间的摩擦力来传递运动和动力的。

带传动一般由主动轮1、从动轮2及传动带3组成（如图3-1-3所示）。

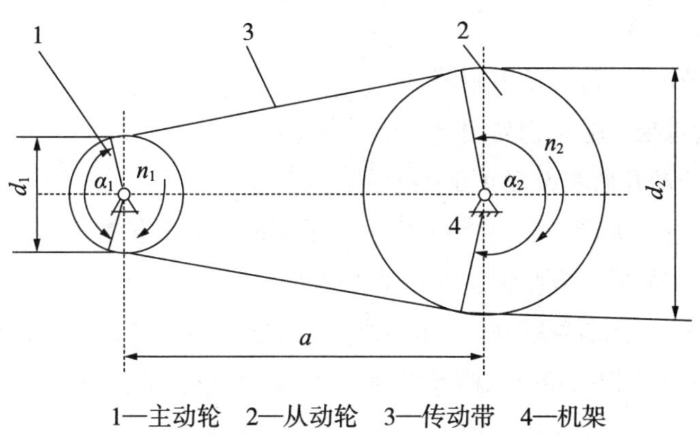

1—主动轮 2—从动轮 3—传动带 4—机架

图 3-1-3 带传动组成

二、带传动的运动特点

1. 优点

（1）带传动属于挠性传动，传动平稳，噪声小，可缓冲吸振。

（2）过载时，带会在带轮上打滑，从而起到保护其他传动件免受损坏的作用。

（3）带传动允许较大的中心距，结构简单，制造、安装和维护较方便，成本低。

2. 缺点

（1）带与带轮之间存在滑动，传动比不能严格保持不变。

（2）带传动的效率低。

（3）带的寿命较短，不宜在易燃易爆场合下工作。

三、带传动的分类

1. 按传动原理分

（1）摩擦带传动　靠传动带与带轮间的摩擦力实现传动，如 V 带传动、平带传动等。

（2）啮合带传动　靠带内侧凸齿与带轮外缘上的齿槽相啮合实现传动，如同步带传动。

网站

观看教材网站：单元三任务3.1 教学视频。

网络空间

参考教学资源单元三任务3.1 教学录像。

笔记

2. 按用途分

（1）传动带　传递动力用。

（2）输送带　输送物品用。

3. 按传动带的截面形状分

（1）平带　如图 3-1-4（a）所示，平带的截面形状为矩形，内表面为工作表面。常用的平带有胶带、编织带和强力锦纶带等。

（2）V 带　V 带的截面形状为等腰梯形，两侧面为工作表面，如图 3-1-4（b）所示。传动时 V 带与轮槽两侧面接触，在同样压紧力 F_Q 的作用下，V 带的摩擦力比平带大，传递功率也较大，且结构也较紧凑。

（3）多楔带　如图 3-1-5 所示，它是在平带的基体上由多根 V 带组成的传动带。多楔带结构紧凑，传递功率很大。

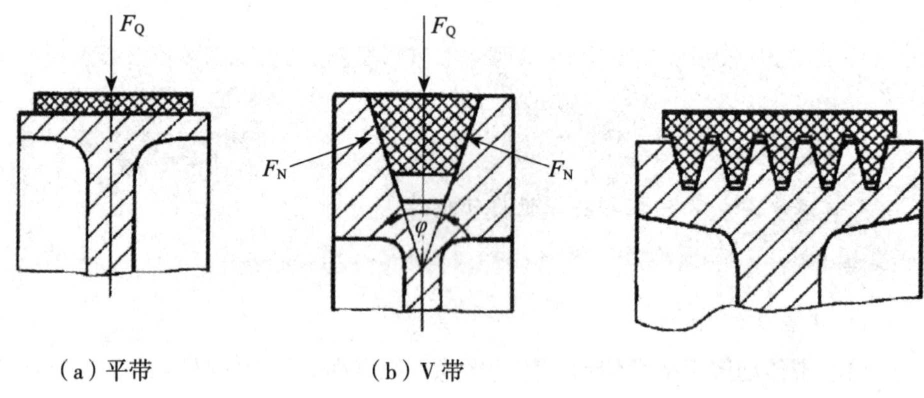

（a）平带　　（b）V 带

图 3-1-4　平带和 V 带　　图 3-1-5　多楔带

（4）圆形带　横截面为圆形，如图 3-1-6 所示；只用于小功率传动。

（5）同步带　纵截面为齿形，如图 3-1-7 所示。

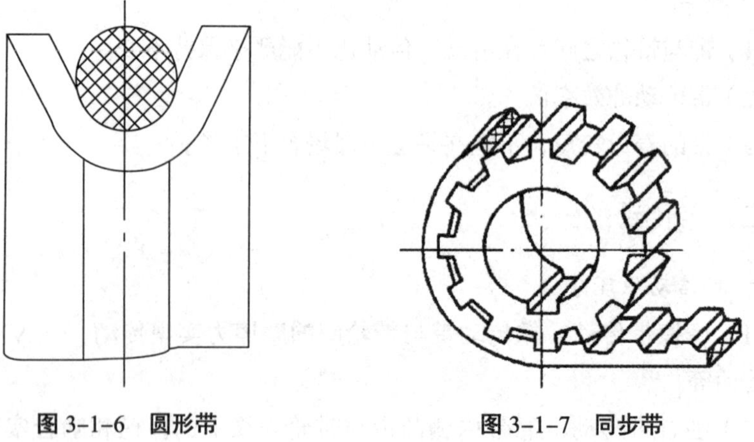

图 3-1-6　圆形带　　图 3-1-7　同步带

笔记

做一做

图 3-1-2 所示台式钻床中的带传动属于哪一类传动形式？其传动比如何计算？

步骤二　分析带传动的运动特性

想一想

如果带传动中的带松弛地安装在带轮上，会发生什么情况？如果要进行带的预紧，预紧力又如何控制呢？

相关知识

一、分析带传动的受力

传动带在工作前必须以一定的预紧力套在带轮上。当传动带静止时，带两边承受相等的拉力，称为初拉力 F_0，如图 3-1-8（a）所示。当传动带传动时，由于带与带轮接触面间摩擦力的作用，带两边的拉力不再相等，如图 3-1-8（b）所示。绕入主动轮的一边被拉紧，拉力由 F_0 增加到 F_1，称为紧边；绕入从动轮的一边被放松，拉力由 F_0 减少到 F_2，称为松边。设环行带的总长度不变，则紧边拉力的增加量 F_1-F_0 应等于松边拉力的减少量 F_0-F_2，即

$$F_0 = \frac{1}{2}(F_1 + F_2) \tag{3-1-1}$$

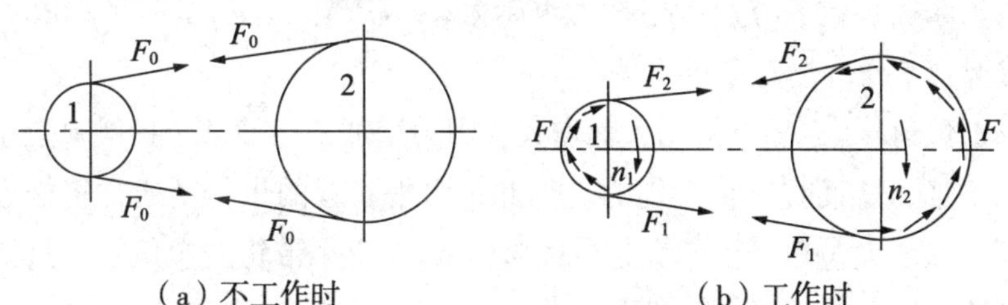

图 3-1-8　带传动的工作原理图

带两边的拉力之差 F 称为带传动的有效拉力。实际上 F 是带与带轮之间摩擦力的总和，在最大静摩擦力范围内，带传动的有效拉力 F 与总摩擦力相等，F 同时也是带传动所传递的圆周力，即

$$F=F_1-F_2 \tag{3-1-2}$$

笔记

带所传递的功率为

$$P=\frac{Fv}{1000} \quad (3\text{–}1\text{–}3)$$

式中，P 为传递功率（W）；F 为有效圆周力（N）；v 为带的速度（m/s）。

在一定的初拉力 F_0 作用下，带与带轮接触面间摩擦力的总和有一极限值。当带所传递的圆周力超过带与带轮接触面间摩擦力总和的极限值时，带在带轮上将发生明显的相对滑动，这种现象称为打滑。带打滑时从动轮转速急剧下降，使传动失效，同时也加剧了带的磨损，因此应避免出现带打滑现象。

当传动带与带轮表面间即将打滑，摩擦力达到最大值，即有效圆周力达到最大值。此时，忽略离心力的影响，紧边拉力 F_1 和松边拉力 F_2 之间的关系用欧拉公式表示，即

$$\frac{F_1}{F_2}=\mathrm{e}^{f\alpha} \quad (3\text{–}1\text{–}4)$$

式中，F_1、F_2 分别为带的紧边拉力和松边拉力（N）；e 为自然对数的底，e ≈ 2.718；f 为带与带轮接触面间的摩擦系数（V 带用当量摩擦系数 f_V 代替 f，$f_V=\frac{f}{\sin\varphi/2}$）；$\alpha$ 为包角，即带与带轮接触面的弧长所对应的中心角（rad）。

由式（3–1–1）、式（3–1–2）和式（3–1–4）可得

$$F=2F_0\frac{\mathrm{e}^{f\alpha}-1}{\mathrm{e}^{f\alpha}+1} \quad (3\text{–}1\text{–}5)$$

式（3–1–5）表明，带所传递的圆周力 F 与下列因素有关。

（1）初拉力 F_0　F 与 F_0 成正比，增大初拉力 F_0，带与带轮间正压力增大，则传动时产生的摩擦力就越大，故 F 就越大。但 F_0 过大会加剧带的磨损，致使带过快松弛，缩短其工作寿命。

（2）摩擦系数 f　f 越大摩擦力也越大，F 就越大。F 与带和带轮的材料、表面状况、工作环境等条件有关。

（3）包角 α　F 随 α 的增大而增大。因为增加 α 会使整个接触弧上摩擦力的总和增加，从而提高传动能力。因此，水平装置的带传动通常将松边放置在上面，以增大包角。由于大带轮的包角 α_2 大于小带轮的包角 α_1，打滑首先在小带轮上发生，所以只需考虑小带轮的包角 α_1。一般要求 $\alpha_1 \geqslant 120°$。

联立式（3–1–2）和式（3–1–4），可得带传动在不打滑条件下所能传递的最大圆周力为

$$F_{\max}=F_1\left(1-\frac{1}{\mathrm{e}^{f\alpha}}\right) \quad (3\text{–}1\text{–}6)$$

二、分析带传动的应力

带传动工作时，带中将产生以下几种应力。

1. 紧边拉应力 σ_1 和松边拉应力 σ_2

紧边拉应力

$$\sigma_1=\frac{F_1}{A}$$

松边拉应力

$$\sigma_2=\frac{F_2}{A}$$

式中，A 为带的横截面面积。

2. 弯曲应力 σ_b

带绕在带轮上时，由于弯曲而产生弯曲应力，其值为

$$\sigma_b\approx E\frac{h}{d_d}$$

式中，E 为带的弹性模量（MPa）；h 为带的高度（mm）；d_d 为 V 带的基准直径（mm）。

弯曲应力只发生在带上包角所对的圆弧部分。由公式可知，当基准直径越小时，带所产生的弯曲应力越大，所以小带轮的弯曲应力 σ_{b1} 比大带轮的弯曲应力 σ_{b2} 大。

3. 离心应力 σ_c

当带以速度 v 沿着带轮轮缘做圆周运动时，带本身的质量将引起离心力。由于离心力的作用，带中产生离心拉力，此力在带中产生离心应力，其值为

$$\sigma_c=\frac{qv^2}{A}$$

式中，q 为传动带单位长度的质量（kg/m），各种型号 V 带的 q 值如表 3–1–1 所示；v 为传动带的速度（m/s）。

表 3–1–1　基准宽度制 V 带单位长度质量 q

带　型	Y	Z	A	B	C	D	E	SPZ	SPA	SPB	SPC
q（kg/mm）	0.02	0.06	0.10	0.17	0.30	0.62	0.90	0.07	0.12	0.20	0.37

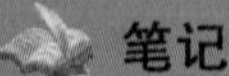

笔记

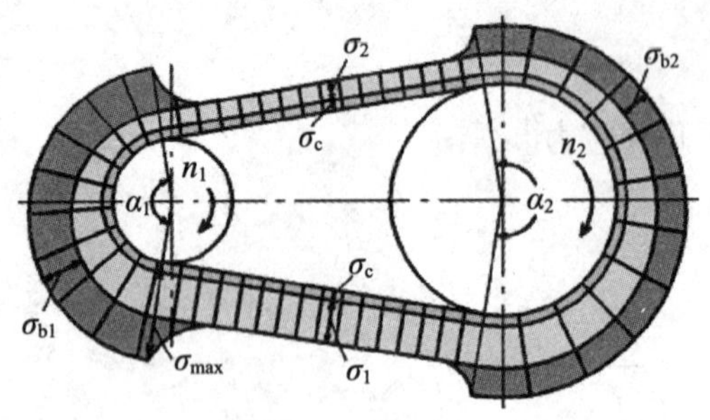

图 3-1-9　带的应力分布

如图 3-1-9 所示为带工作时的应力分布情况。

由以上分析可得出如下结论。

（1）带工作时任意截面上的应力是随位置不同而变化的，所以带在变应力下工作。

（2）最大应力点发生在紧边绕入小带轮处，此点最大应力值近似地表示为

$$\sigma_{max}=\sigma_1+\sigma_{b1}+\sigma_c$$

为保证带具有足够的疲劳寿命，应满足

$$\sigma_{max}=\sigma_1+\sigma_{b1}+\sigma_c \leqslant [\sigma] \quad (3\text{-}1\text{-}7)$$

式中，$[\sigma]$ 为带的许用应力。$[\sigma]$ 是在 $\alpha_1=\alpha_2=180°$ 规定的带长和应力循环次数、载荷平稳等条件下通过实验确定的。

想一想

带传动中所受的最大应力应该在哪一个部位？为什么呢？

三、分析带传动的特性

传动带是弹性体，受到拉力后会产生弹性伸长，伸长量随拉力大小的变化而改变。带由紧边绕过主动轮进入松边时，带内拉力由 F_1 减小为 F_2，其弹性伸长量也由 δ_1 减小为 δ_2。这说明带在绕经带轮的过程中，相对于轮面向后伸缩了 $\Delta\delta$（$\Delta\delta=\delta_1-\delta_2$），带与带轮面间出现局部相对滑动，导致带的速度逐渐小于主动轮的圆周速度，如图 3-1-10 所示。同样，当带由松边绕过从动轮进入紧边时，拉力增加，带逐渐被拉长，沿轮面产生向前的弹性滑动，使带的速度逐渐大于从动轮的圆周速度。这种由于带的弹性变形而产生的带与带轮间的滑动称为弹性滑动。

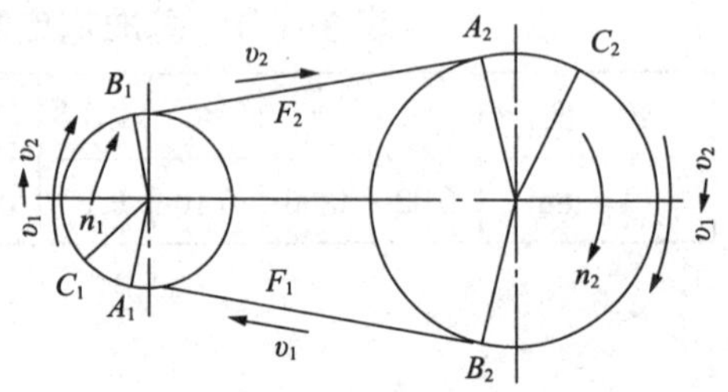

图 3-1-10　带传动的弹性滑动

弹性滑动和打滑是两个截然不同的概念。打滑是指过载引起的全面滑动，是可以避免的。而弹性滑动是由拉力差引起的，只要传递圆周力，就必然会发生弹性滑动，所以弹性滑动是不可避免的，是一种物理现象。

带的弹性滑动使从动轮的圆周速度 v_2 低于主动轮的圆周速度 v_1，其速度的降低率用滑动率 ε 表示，即

$$\varepsilon=\frac{v_1-v_2}{v_1}=\frac{\pi d_1n_1-\pi d_2n_2}{\pi d_1n_1}$$

式中，n_1、n_2 分别为主动轮、从动轮的转速（r/min）；d_1、d_2 分别为主动轮、从动轮的直径（mm），对于 V 带传动则为带轮的基准直径。由此可得带传动的传动比为

$$i=\frac{n_1}{n_2}=\frac{d_2}{d_1(1-\varepsilon)} \tag{3-1-8}$$

因带传动的滑动率 ε 取 0.01～0.02，其值很小，所以在一般传动计算中可不予考虑。

想一想

带传动中的弹性滑动现象能够避免吗？弹性滑动与带的打滑现象有什么样的区别？

步骤三　设计带传动

相关知识

一、分析带传动的失效形式和设计准则

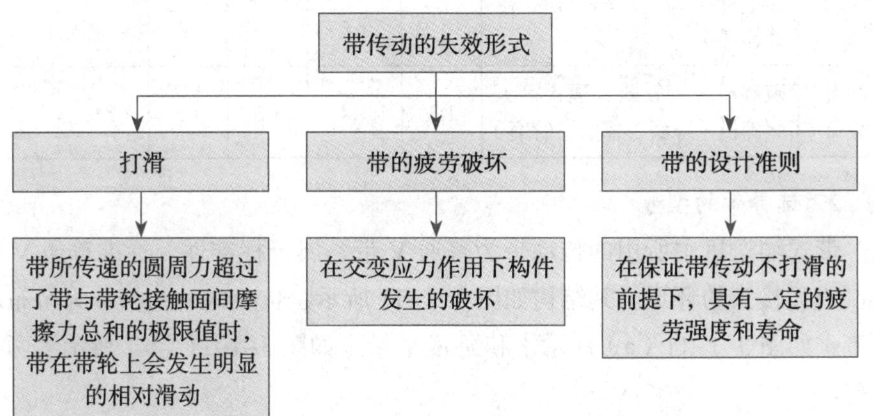

笔记

二、带传动的设计

（一）已知条件

通常情况下设计 V 带传动时已知的原始数据有：所需传递的额定功率 P；小带轮转速 n_1、大带轮转速 n_2 或传动比；传动的用途和工作条件；传动位置和总体尺寸限制、原动机种类等。

（二）设计计算方法和步骤

1. 确定

计算功率 P_c 根据传递的功率 P、原动机及工作机的类型、载荷性质和每天运转的时间等因素确定的，即

$$P_c = K_A P$$

式中，K_A 为工作情况系数，查表 3-1-2 可得。

表 3-1-2　V 带的工作情况系数 K_A

工况		K_A					
		空、轻载启动			重载启动		
		每天工作时间 /h					
		< 10	10 ~ 16	> 16	< 10	10 ~ 16	> 16
载荷变动微小	液体搅拌机、通风机、鼓风机（≤ 7.5kW）、离心式水泵、压缩机、轻型输送机	1.0	1.1	1.2	1.1	1.2	1.3
载荷变动小	带式输送机（不均匀载荷）、通风机（> 7.5kW）、旋转式水泵、压缩机、发电机、金属切削机床、印刷机、旋转筛、锯木机等木工机械	1.2	1.3	1.4	1.4	1.5	1.6
载荷变动较大	制砖机、斗式提升机、往复式水泵、压缩机、起重机、磨粉机、冲剪机床、橡胶机械、振动筛、纺织机械、重载输送机	1.2	1.3	1.4	1.4	1.5	1.6
冲击载荷	破碎机（旋转式、颚式等）、磨碎机（球磨、棒磨、管磨）	1.3	1.4	1.5	1.5	1.6	1.8

2. 选择带的型号

带式输送机中所用的传动带为普通 V 带，属于标准件。标准普通 V 带都制成无接头的环形。其结构如图 3-1-11 所示，抗拉体的结构分为帘布芯 V 带［如图 3-1-11（a）所示］和绳芯 V 带［如图 3-1-11（b）所示］两种类型。

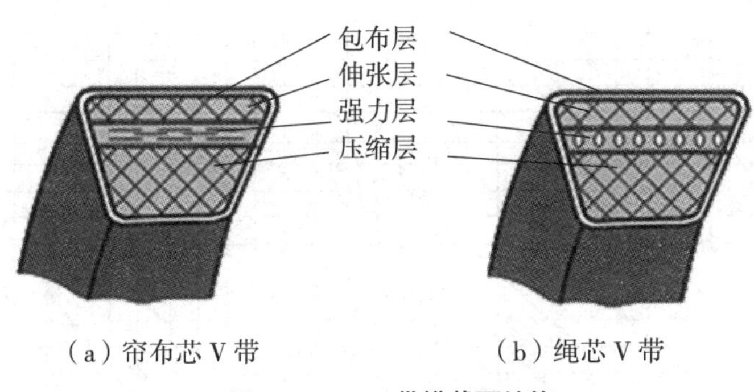

（a）帘布芯 V 带　　（b）绳芯 V 带

图 3-1-11　V 带横截面结构

（1）普通 V 带型号　国家标准规定（GB/T 11544—97），按截面尺寸的大小普通 V 带分为 Y、Z、A、B、C、D、E 七种型号。

（2）普通 V 带的主要参数　带绕在带轮上时产生弯曲，外层受拉伸长，内层受压缩短，内、外层之间必有一长度不变的中性层，其宽度 b_p 称为节宽。V 带轮上与 b_p 相应的带轮直径 d_d 称为基准直径。与带轮基准直径相应的带的周线长度称为基准长度，用 L_d 表示。

表 3-1-3　普通 V 带的截面尺寸

主要参数	型号						
	Y	Z SPZ	A SPA	B SPB	C SPC	D SPD	E SPE
b/mm	6	10	13	17	22	32	38
b_p/mm	5.3	8.5	11	14	19	27	32
h/mm	4	6	8	11	14	19	25
A/mm^2	18	47	81	138	230	476	692
楔角 θ/°	40						

（3）普通 V 带的标记　普通 V 带的标记是由型号、基准长度和标准号三部分组成，如基准长度为 1600mm 的 B 型普通 V 带，其标记为

B—1600 GB 11544—97

V 带的标记及制造年月和生产厂名，通常都压印在带的外表面。

（4）选择 V 带的型号　根据计算功率 P_c 和主动轮转速 n_1，由图 3-1-12 选择 V 带型号。当所选的坐标点在图中两种型号分界线附近时，可选择两种型号分别进行计算，然后择优选用。

网站

观看教材网站：单元三任务 3.1 教学动画。

光盘

观看助教助学光盘任务 3.1 三维资源——带的截面尺寸。

网站

观看教材网站：单元三任务3.1教学视频。

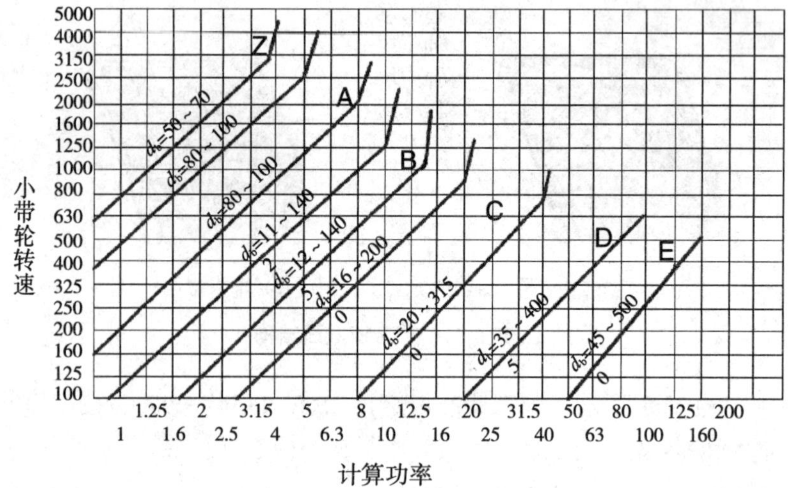

图 3-1-12　普通 V 带选型

做一做

结合上面所述，根据计算功率和小带轮的转速，选择带式输送机中带的型号。

3. 确定 V 带轮的基准直径 d_{d1} 和 d_{d2}

（1）初选小带轮的基准直径 d_{d1}。

设计时应取小带轮的基准直径 $d_{d1} \geqslant d_{dmin}$，$d_{dmin}$ 的值查表 3-1-4。带轮直径越小，结构越紧凑，但带的弯曲应力增大，寿命降低，而且带的速度也降低，单根带的基本额定功率减小，所以小带轮的基准直径 d_{d1} 不宜选得太小。

表 3-1-4　带轮最小基准直径

带　型	Y	Z	A	B	C	D	E	SPZ	SPA	SPB	SPC
d_{dmin}/mm	20	50	75	125	200	355	500	63	90	140	224

注：带轮基准直径系列（单位为 mm）：20，22.4，25，28，31.5，40，45，50，56，63，71，75，80，85，90，95，100，106，112，118，125，132，140，150，160，170，180，200，212，224，236，150，265，280，300，315，335，355，375，400，425，450，475，500，530，560，600，630，670，710，750，800，900，1000，1060，1120，1250，1400，1500，1600，1800，2000，2240，2500。

（2）验算带的速度 v。

由 $v=\dfrac{\pi d_d n}{60\times1000}$来计算带的速度 v，并满足 5 m/s $\leqslant v \leqslant v_{max}$。对于普通 V 带，$v_{max}=25\sim30$m/s；对于窄 V 带，$v_{max}=35\sim40$m/s。如 $v > v_{max}$，则离心力过大，即应减小 d_{d1}；如 v 过小（$v<5$m/s），这将使所需的有效圆周力 F_e

过大，即所需带的根数过多，于是带轮的宽度、轴径及轴承的尺寸都要随之增大，故 v 过小时应增大 d_{d1}。

（3）计算从动轮的基准直径 d_{d2}。

$d_{d2}=id_{d1}$，并按 V 带轮的基准直径系列进行圆整。

做一做

结合上述任务，选择带轮的最小直径，并计算出大带轮的直径。

4. 分析与计算技术参数

带传动的中心距如过大，会引起带的抖动，且传动尺寸也不紧凑；中心距如过小，带的长度越短，带的应力变化也就越频繁，会加速带的疲劳破坏，当传动比较大时，中心距太小将导致包角过小，降低传动能力。

（1）初步确定中心距 a_0 尺寸。

$$0.7(d_{d1}+d_{d2})\leqslant a_0\leqslant 2(d_{d1}+d_{d2})$$

（2）初步确定基准长 L_{d0} 尺寸。

由带传动的几何关系可得所需带的基准长度计算公式如下：

$$L_{d0}=2a_0+\frac{\pi}{2}(d_{d1}+d_{d2})+\frac{(d_{d2}-d_{d1})^2}{4a_0}$$

式中，L_{d0} 为带的基准长度计算值，按照表 3-1-5 选取相近的基准长度 L_d。

表 3-1-5 普通 V 带的基准长度系列及长度修正系数

基准长度 L_d/mm	K_L						
	普通 V 带型号						
	Y	Z	A	B	C	D	E
400	0.96	0.87					
450	1.00	0.89					
500	1.02	0.91					
560		0.94					
630		0.96	0.81				
710		0.99	0.82				
800		1.00	0.85				
900		1.03	0.87	0.81			
1000		1.06	0.89	0.84			
1120		1.08	0.91	0.86			
1250		1.11	0.93	0.88			
1400		1.14	0.96	0.90			
1600		1.16	0.99	0.93	0.84		
1800		1.18	1.01	0.95	0.85		

笔记

续表

基准长度 L_d/mm	K_L						
	普通 V 带型号						
	Y	Z	A	B	C	D	E
2000			1.03	0.98	0.88		
2240			1.06	1.00	0.91		
2500			1.09	1.03	0.93		
2800			1.11	1.05	0.95	0.83	
3150			1.13	1.07	0.97	0.86	
3550			1.17	1.10	0.98	0.89	
4000			1.19	1.13	1.02	0.91	
4500				1.15	1.04	0.93	0.90
5000				1.18	1.07	0.96	0.92
5600					1.09	0.98	0.95
6300					1.12	1.00	0.97
7100					1.15	1.03	1.00
8000					1.18	1.06	1.02
9000					1.21	1.08	1.05
10000					1.23	1.11	1.07
11200						1.14	1.10
12500						1.17	1.12
14000						1.20	1.15
16000						1.22	1.18

（3）确定实际的中心距。

根据 L_d 来计算实际中心距。带传动实际中心距 a 用下式计算：

$$a=A+\sqrt{(A^2-B)}$$

式中，$A=\frac{L_d}{4}-\frac{\pi(d_{d1}+d_{d2})}{8}$（mm）；$B=\frac{(d_{d2}-L_{d1})^2}{8}$（$mm^2$）

由于带传动的中心距一般是可以调整的，故可近似计算

$$a\approx a_0+\frac{L_d-d_{d0}}{2}$$

考虑到安装调整和张紧的需要，实际中心距的变动范围为 $a_{min}=a-0.015L_d$，$a_{max}=a+0.03L_d$。

做一做

结合上述任务，选择带式输送机中带传动的中心距和基准直径。

笔记

提示

带的基准长度要按照表 3-1-5 中的数据进行圆整。

（4）确定实际的中心距验算小带轮包角 α_1。

根据包角计算公式及对包角的要求，应保证

$$\alpha_1 \approx 180° - 57.3° \times \frac{d_{d2} - d_{d1}}{a} \geqslant 90° \sim 120°$$

如 α_1 太小，则应增大中心距 a，或增设张紧轮。

做一做

结合上述任务，计算带式输送机小带轮的包角，并验算是否符合带传动包角的要求。

（5）确定带的根数 z。

① 单根 V 带传递的功率。

在包角 $\alpha = 180°$、特定带长、工作平稳的条件下，单根普通 V 带的基本额定功率 P_1 如表 3-1-6 所示。

表 3-1-6　单根普通 V 带的基本额定功率 P_1

（kW）

带型	小带轮基准直径 d_{d1}/mm	小带轮转速 n_1 /（r/min）						
		400	730	800	980	1200	1460	2800
Z 型	50	0.06	0.09	0.10	0.12	0.14	0.16	0.26
	63	0.08	0.13	0.15	0.18	0.22	0.25	0.41
	71	0.09	0.17	0.20	0.23	0.27	0.31	0.50
	80	0.14	0.20	0.22	0.26	0.30	0.36	0.56
A 型	75	0.27	0.42	0.45	0.52	0.60	0.68	1.00
	90	0.39	0.63	0.68	0.79	0.93	1.07	1.64
	100	0.47	0.77	0.83	0.97	1.14	1.32	2.05
	112	0.56	0.93	1.00	1.18	1.39	1.62	2.51
	125	0.67	1.11	1.19	1.40	1.66	1.93	2.98
B 型	125	0.84	1.34	1.44	1.67	1.93	2.20	2.96
	140	1.05	1.69	1.82	2.13	2.47	2.83	3.85
	160	1.32	2.16	2.32	2.72	3.17	3.64	4.89
	180	1.59	2.61	2.81	3.30	3.85	4.41	5.76
	200	1.85	3.05	3.30	3.86	4.50	5.15	6.43

笔记

续表

带型	小带轮基准直径 d_{d1}/mm	小带轮转速 n_1 / (r/min)						
		400	730	800	980	1200	1460	2800
C 型	200	2.41	3.80	4.07	4.66	5.29	5.86	5.01
	224	2.99	4.78	5.12	5.89	6.71	7.47	6.08
	250	3.62	5.82	6.23	7.18	8.21	9.06	6.56
	280	4.32	6.99	7.52	8.65	9.81	10.74	6.13
	315	5.14	8.34	8.92	10.23	11.53	12.48	4.16
	400	7.06	11.52	12.10	13.67	15.04	15.51	—

根据给出的单根 V 带的基本额定功率是在特定条件下（$\alpha = 180°$、特定的基准长度）得出的，实际工作条件与上述条件不同时，应对 P_1 值进行修正，以求得实际工作条件下，单根 V 带的许用功率［P_1］(kW)，其计算公式为

$$[P_1] = (P_1 + \Delta P_1) K_\alpha K_L$$

式中，ΔP_1 为基本额定功率增量（kW），由于 $i \neq 1$ 时，带在大带轮上的弯曲应力较小，故在寿命相同的条件下，可增大传递的功率如表 3–1–7 所示；K_α 为包角系数，考虑 $\alpha \neq 180°$ 时对传动能力的影响，如表 3–1–8 所示；K_L 为长度系数，考虑带的基准长度不为特定长度时对传动能力的影响如表 3–1–5 所示。

表 3–1–7　单根普通 V 带的基本额定功率的增量 ΔP_1

（kW）

带型	小带轮转速 n_1 / (r/min)	传动比									
		1.00 ~ 1.01	1.00 ~ 1.01	1.05 ~ 1.08	1.09 ~ 1.12	1.13 ~ 1.18	1.19 ~ 1.24	1.25 ~ 1.34	1.35 ~ 1.51	1.52 ~ 1.99	≥ 2.00
Z 型	400	0.00	0.00	0.00	0.00	0.00	0.00	0.00	0.00	0.01	0.01
	730	0.00	0.00	0.00	0.00	0.00	0.00	0.01	0.01	0.01	0.02
	800	0.00	0.00	0.00	0.00	0.01	0.01	0.01	0.01	0.02	0.02
	980	0.00	0.00	0.00	0.01	0.01	0.01	0.01	0.02	0.02	0.02
	1200	0.00	0.00	0.01	0.01	0.01	0.01	0.02	0.02	0.02	0.03
	1460	0.00	0.00	0.01	0.01	0.01	0.02	0.02	0.04	0.02	0.03
	2800	0.00	0.01	0.02	0.02	0.03	0.03	0.03		0.04	0.04
A 型	400	0.00	0.01	0.01	0.02	0.02	0.03	0.03	0.04	0.04	0.05
	730	0.00	0.01	0.02	0.03	0.04	0.05	0.06	0.07	0.08	0.09
	800	0.00	0.01	0.02	0.03	0.04	0.05	0.06	0.08	0.09	0.10
	980	0.00	0.01	0.03	0.04	0.05	0.06	0.07	0.08	0.10	0.11
	1200	0.00	0.02	0.03	0.05	0.07	0.08	0.10	0.11	0.13	0.15
	1460	0.00	0.02	0.04	0.06	0.08	0.09	0.11	0.13	0.15	0.17
	2800	0.00	0.04	0.08	0.11	0.15	0.19	0.23	0.26	0.30	0.34

笔记

续表

带型	小带轮转速 n_1 / (r/min)	传动比									
		1.00 ~ 1.01	1.00 ~ 1.01	1.05 ~ 1.08	1.09 ~ 1.12	1.13 ~ 1.18	1.19 ~ 1.24	1.25 ~ 1.34	1.35 ~ 1.51	1.52 ~ 1.99	≥ 2.00
B型	400	0.00	0.01	0.03	0.04	0.06	0.07	0.08	0.10	0.11	0.13
	730	0.00	0.02	0.05	0.07	0.10	0.12	0.15	0.17	0.20	0.22
	800	0.00	0.03	0.06	0.08	0.11	0.14	0.17	0.20	0.23	0.25
	980	0.00	0.03	0.07	0.10	0.13	0.17	0.20	0.23	0.26	0.30
	1200	0.00	0.04	0.08	0.13	0.17	0.21	0.25	0.30	0.34	0.38
	1460	0.00	0.05	0.10	0.15	0.20	0.25	0.31	0.36	0.40	0.46
	2800	0.00	0.10	0.20	0.29	0.39	0.49	0.59	0.69	0.79	0.89
C型	400	0.00	0.04	0.08	0.12	0.16	0.20	0.23	0.27	0.31	0.35
	730	0.00	0.07	0.14	0.21	0.27	0.34	0.41	0.48	0.55	0.62
	800	0.00	0.08	0.16	0.23	0.31	0.39	0.47	0.55	0.63	0.71
	980	0.00	0.09	0.19	0.27	0.37	0.47	0.56	0.65	0.74	0.83
	1200	0.00	0.12	0.24	0.35	0.47	0.59	0.70	0.82	0.94	1.06
	1460	0.00	0.14	0.28	0.42	0.58	0.71	0.85	0.99	1.14	1.27
	2800	0.00	0.27	0.55	0.82	1.10	1.37	1.64	1.92	2.19	2.47

表 3-1-8　V 带的包角系数 K_α

小带轮包角 / (°)	K_α	小带轮包角 / (°)	K_α
180	1.00	145	0.91
175	0.99	140	0.89
170	0.98	135	0.88
165	0.96	130	0.86
160	0.95	125	0.84
155	0.93	120	0.82
150	0.92		

② V 带根数 z 的计算。

$$z=\frac{P_c}{[P_1]}=\frac{P_c}{(P_1+\Delta P_1)K_\alpha K_L}$$

在确定 V 带的根数时，为了使各根 V 带受力均匀，根数不应过多，一般以不超过 8 ~ 10 根为宜，否则应改选带的型号重新计算。

做一做

结合上述任务，计算带式输送机选用几根带合适。

笔记

（6）计算作用在带传动上的力。

想一想

在安装新带时，有没有便捷的方法检测初拉力？

① 初拉力 F_0 的计算。

传动带在工作前必须以一定的预紧力套在带轮上。当传动带静止时，带两边承受相等的拉力，称为初拉力 F_0。F_0 大小是保证带传动正常工作的重要因素。如果过小，产生的摩擦力小，易发生打滑；如果过大，使带疲劳寿命降低，轴和轴承上的压力加大。对于 V 带既要保证传动功率，又不能出现打滑。

单根 V 带最适宜的初拉力 F_0 为

$$F_0=\frac{500P_c}{zv}\left(\frac{2.5}{K_\alpha}-1\right)+qv^2$$

由于新带易松弛，对不能调整中心距的普通 V 带传动，安装新带时的初拉力应为计算值的 1.5 倍。

做一做

结合上述任务，计算带式输送机中带传动的初拉力 F_0。

② 带传动作用在轴上的压力 F_Q。

V 带的张紧对轴和轴承产生的压力 F_Q 会影响轴和轴承的强度和寿命。为简化其运算，一般按静止状态下带轮两边均作用初拉力 F_0 进行计算，由图 3–1–13 所示得

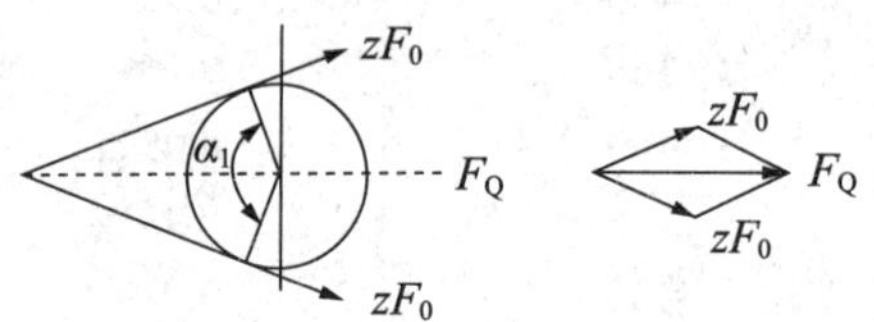

图 3–1–13　带传动作用在轴上的压力

$$F_Q=2F_0z\sin\frac{\alpha_1}{2}$$

做一做

计算学习任务中带传动作用在带轮上的压力 F_Q。

（7）V 带轮的设计。

① 确定带轮设计内容。

根据带轮的基准直径和带轮转速等已知条件，确定带轮的材料、结构形式，轮槽、轮辐和轮毂的几何尺寸、公差和表面粗糙度等相关技术要求。

② 确定带轮材料。

常用材料为灰铸铁 HT150 或 HT200。转速较高时可用铸钢或钢板冲压焊接结构，小功率时可用铸铝或塑料。

③ 确定带轮的结构形式。

带轮的结构设计，主要是根据带轮的基准直径选择结构；根据带的截型确定轮槽尺寸，根据经验公式确定带轮的其他结构尺寸；绘制带轮的零件图，并按工艺要求注出相应的技术要求等。

带轮的结构由轮缘（外圈环形部分）、轮毂（与轴连接的筒形部分）和轮辐（连接轮缘和轮毂的中间部分）三部分组成。

根据轮辐结构的不同可将带轮分为实心式、腹板式、孔板式和椭圆轮辐式四种形式（如图 3-1-14 所示）。

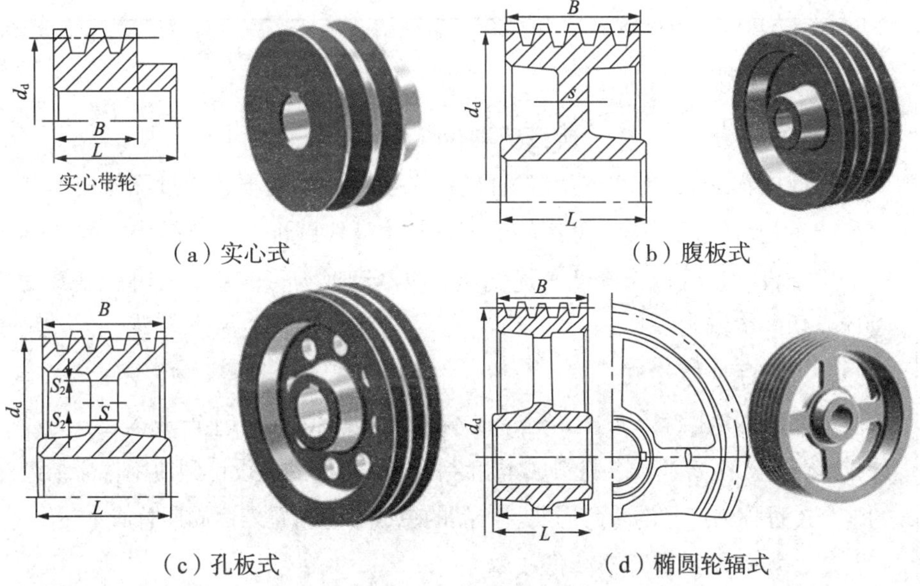

图 3-1-14　V 带轮的结构

V 带轮的结构形式与基准直径有关。当带轮的基准直径 $d_a \leqslant 2.5d$［d 为安装带轮的轴的直径（mm）］时，可采用实心式；当 $d_a \leqslant 300$mm 时，可采用腹板式；当 $d_a \geqslant 300$mm 时，可采用轮辐式。

轮毂和轮辐的尺寸参见机械设计手册相关内容。

④ V 带轮的轮槽。

V 带轮的轮槽与所选的 V 带的型号相对应（如表 3-1-3 所示）。带的两侧面夹角 φ 均为 40°，但带绕过带轮弯曲时会产生横向变形，使其夹角变小。为使带轮轮槽工作面和 V 带两侧面接触良好，一般轮槽楔角都制成小于 40°，且带轮直径越小，轮槽的楔角也越小。

笔记

⑤V 带轮的技术要求。

轮槽工作面不应有砂眼、气孔，轮辐及轮毂不应有缩孔和较大的凹陷。轮槽棱边要倒圆或倒钝。带轮轮槽工作面的表面粗糙度 R_a 为 3.2μm，轮毂两侧面的粗糙度 R_a 为 6.3μm，轮缘两侧面、轮槽底面的粗糙度 R_a 为 12.5μm。带轮顶圆的径向圆跳动和轮缘两侧面的端面圆跳动按 11 级精度取值。其他条件参见 GB/T 13575.1—1992 中的规定。

做一做

（1）同学们分小组，按照上述设计步骤，对带式输送机的带传动设计结果进行汇总。

（2）绘制带轮的结构图，填写技术要求，检查并签名。

新视野

降低成本的设计技术

降低成本的设计，它是在保证功能和质量的前提下，通过降低成本来提高产品经济性以加强竞争优势的设计技术。实践证明，产品成本的 70% 以上用于设计。因此，降低和优化产品成本已成为目前众多机电产品开发设计成功的关键。

一、产品成本构成

产品成本包括生产成本、运行成本和维修保障成本。生产成本又分为设计成本、生产准备成本、材料成本和装配成本。产品从设计到使用寿命结束的整个过程称为产品的寿命周期。产品的总成本也就是寿命周期总成本。

二、如何从设计环节降低成本

设计阶段决定了产品的工作原理、零件数量、结构尺寸、材料选用，直接影响加工方法、使用性能等，对产品的成本影响最大。可以从以下几个方面入手。

（1）设计方案，方案对成本的影响是最重要的一环。

（2）结构尺寸对成本的影响，同结构下随着构件尺寸增加质量，产品成本会大大增加。

（3）零件数对成本的影响，产品由许多零件组成，零件数多，从加工到产品装配、资金运转等方面都会使得成本提高，同时使得供货时间拖长。

三、降低设计成本的措施

降低设计成本主要从降低和减少设计时间入手。

笔记

（1）采用计算机辅助设计，用计算机进行情报检索、计算、绘图并进行方案优化设计。

（2）系列设计，设计一种典型方案，利用相似原理及模块化设计原理，较快得到不同参数尺寸的多个系列方案，可以节约设计时间；系列方案变形越多，减少设计时间的效果越显著。

（3）一图多用，采用粘贴复印制图、一图多用可以节约制图时间。

巩固与拓展

一、知识巩固

对照本任务知识脉络图，梳理自己所掌握的知识体系，并与同学相互交流、研讨个人对某些知识点或技能技巧的理解。

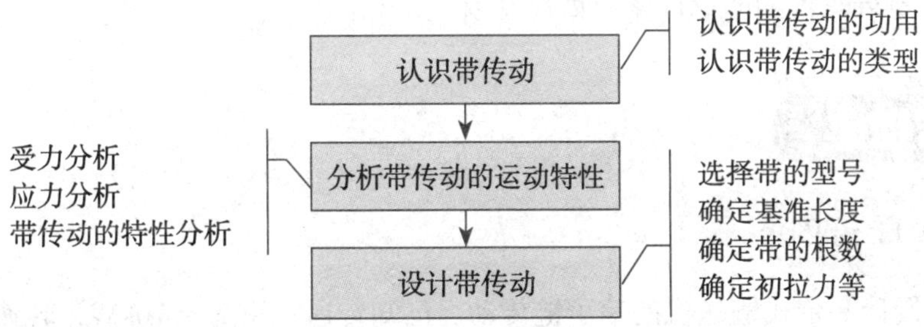

二、拓展任务

（1）根据任务完成的工作步骤及方法，利用所学知识，完成自主学习手册中的拓展任务。

（2）查阅机械设计手册中带传动的设计，谈谈自己对带传动设计的理解。

手册

完成《自主学习手册》单元三任务 3.1　拓展任务。

笔记

任务 3.2 链传动设计

任务目标

通过学习本任务，学生应达到以下目标：

☐ 了解链传动的作用及形式；
☐ 熟悉链传动的失效形式和设计准则；
☐ 熟悉链传动的原始数据和设计内容；
☐ 掌握链传动的设计步骤；
☐ 掌握链传动的设计参数选择方法。

手册

完成《自主学习手册》单元三任务 3.2 学习导引。

任务描述

● 任务内容

试设计一带式输送机的滚子链传动。已知传递功率 $P=10\text{kW}$，转速 $n_1=950\text{ r/min}$，$n_2=250\text{r/min}$，电动机驱动，工作载荷平稳，单班工作，中心距可以调整。

● 实施条件

☐ 计算器、机械设计手册等。
☐ 用图片和三维模型演示带式输送机动态。

程序与方法

步骤一　认识链传动

相关知识

一、链传动的概述

链传动是一种具有中间挠性件的啮合传动。它是由主、从动链轮和绕在

笔记

链轮上的环形链条所组成。如图 3-2-1 所示，以链作中间挠性件，靠链与链轮轮齿的啮合来传递运动和动力。

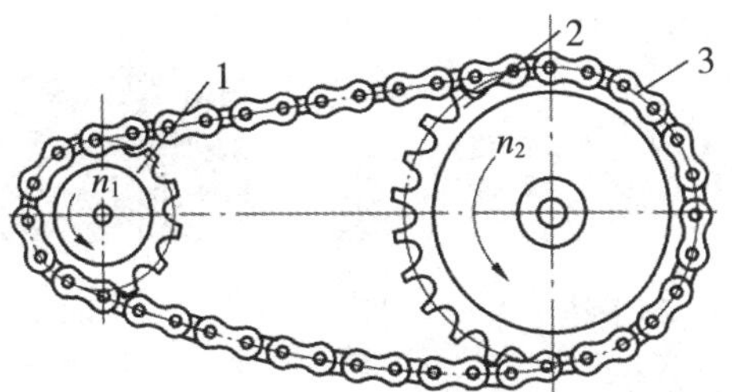

图 3-2-1　链传动组成

1—主动链轮　2—从动链轮　3—链条

二、链传动的优、缺点

1. 优点

与带传动相比，无弹性滑动和打滑现象，能保证准确的平均传动比，传动功率大，传动效率较高，结构紧凑，需要的张紧力较小。与齿轮传动相比，结构简单，加工成本低，安装精度要求低，适用于较大中心距的传动，能在湿度大、温度高、油污、多尘等的恶劣环境下工作。

2. 缺点

链传动的瞬时传动比不恒定，传动平稳性较差，有冲击和噪声，且磨损后易发生跳齿，不宜用于高速和急速反向传动的场合。

三、链传动分类

1. 按用途分类

（1）传动链　在机械中用来传递运动和动力（如图 3-2-2 所示）。

（2）输送链　在输送机械中用来输送物料或机件（如图 3-2-3 所示）。

（3）曳引链　在起重机械中用来提升重物（如图 3-2-4 所示）。

图 3-2-2　传动链

图 3-2-3　输送链

图 3-2-4　曳引链

2. 按结构分类

用于传递力的传动链有滚子链（如图 3-2-5 所示）和齿形链（如图 3-2-6 所示）等类型。齿形链运转较平稳，噪声小；适用于高速（40m/s）、

笔记

运动精度较高的传动中，但缺点是制造成本高，质量大。生产中常用滚子链。

图 3-2-5　滚子链

图 3-2-6　齿形链

四、滚子链的结构

滚子链是由滚子、套筒、销轴、内链板和外链板组成，如图 3-2-7 所示。内链板与套筒之间、外链板与销轴之间为过盈配合；滚子与套筒之间、套筒与销轴之间均为间隙配合。当链条与链轮啮合时，滚子沿链轮齿滚入，减轻了链与轮齿间的摩擦磨损。链板制成“8”字形，保证了各截面强度近于相等，同时用以减小链条的质量及运动时的惯性。

网络空间

参考教学资源单元三任务：3.2 教学录像。

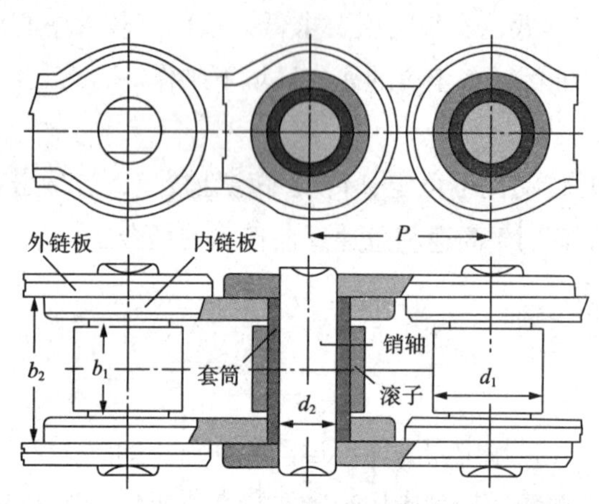

图 3-2-7　滚子链结构

滚子链已经标准化（GB 1243.1—1983），目前使用的滚子链分为 A、B 两个系列，常用的是 A 系列，其主要参数如表 3-2-1 所示。

滚子链上相邻两滚子中心的距离称为链的节距，以 p 表示，它是链条的主要参数。国际上链节距均采用英制单位，我国标准中规定链节距采用米制单位。对应于链节距有不同的链号，用链号乘以 25.4/16mm，所得的数值即为链节距 p(mm)。节距越大，链条的各零件尺寸越大，所能传递的功率越大。

表 3-2-1　A 系列滚子链的基本参数和尺寸

链　号	节距 p/mm	排距 p_t/mm	滚子外径 d_1/mm	极限载荷 F_Q（单排）/N	每米长质量 q（单排）/(kg/m)
08A	12.70	14.38	7.95	13800	0.60
10A	15.875	18.11	10.16	21800	1.00
12A	19.05	22.78	11.91	31100	1.50
16A	25.4	29.29	15.88	55600	2.60
20A	31.75	35.76	19.05	86700	3.80
24A	38.10	45.44	22.23	124600	5.60
28A	44.45	48.87	25.40	169000	7.50
32A	50.80	58.55	28.58	222400	10.10
40A	63.50	71.55	39.68	347000	16.10
48A	76.20	87.83	47.63	500400	22.60

注：使用过渡链节时，其极限拉伸载荷按表列数值的 80% 计算。

链条的长度用链节数表示，链节数一般取为偶数，以便构成环状时，内、外链板正好相接，接头处用开口销［如图 3-2-8（a）所示］或弹簧卡［如图 3-2-8（b）所示］锁住。当链节数为奇数时，需要用过渡链节才能构成环状。过渡链节的弯链板［如图 3-2-8（c）所示］在工作时，会受到附加弯曲应力，故应尽量避免使用。

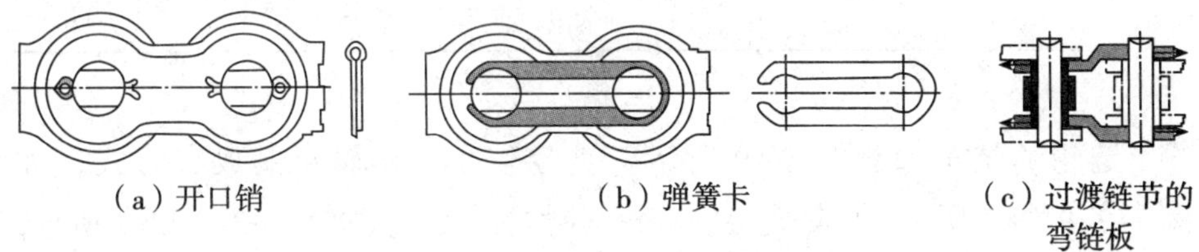

（a）开口销　　（b）弹簧卡　　（c）过渡链节的弯链板

图 3-2-8　滚子链接头形式

滚子链的标记方法为

链号—排数 × 链节数—标准编号

例如，08A—2×88—GB/T 1243—1997，表示 A 系列、节距 12.7mm、双排、88 节的滚子链。

五、链轮结构和材料

1. 链轮常用材料

链轮齿要有足够的接触强度和耐磨性，故齿面多经热处理。小链轮的啮合次数比大链轮多，所受冲击力也大，故所用材料一般优于大链轮。常用的链轮材料如表 3-2-2 所示。

笔记

网络空间

参考教学资源单元三任务 3.2 助学课件。

笔记

表 3-2-2　链轮常用材料及齿面硬度

材　料	热处理	热处理后硬度	应用范围
15、20	渗碳、淬火、回火	50～60HRC	$z \leqslant 25$，有冲击载荷的主、从动链轮
35	正火	160～200HBS	在正常工作条件下，齿数较多（$z > 25$ 的链轮）
40、50、ZG10-570	淬火、回火	40～50HRC	无剧烈振动及冲击的链轮
15Cr、20Cr	渗碳、淬火、回火	50～60HRC	有动载荷及传递较大功率的重要链轮（$z < 25$）
35SiMn、40Cr、35CrMo	淬火、回火	40～50HRC	使用优质链条，重要的链轮
Q235、Q275	焊接后退火	140HBS	中等速度、传递中等功率较大链轮
普通灰铸铁（不低于 HT150）	淬火、回火	260～280HBS	$z > 50$ 的从动链轮
夹布胶木	—	—	功率小于 6kW、速度较高、要求传动平稳和噪声小的链轮

2. 链轮结构

链轮的结构如图 3-2-9 所示。直径较小的链轮可制成实心式，如图 3-2-9（a）所示；中等直径的链轮可制成孔板式，如图 3-2-9（b）所示；直径较大的链轮可设计成组合式，如图 3-2-9（c）所示，若轮齿因磨损而失效，可更换齿圈。链轮轮毂部分的尺寸可参考带轮。

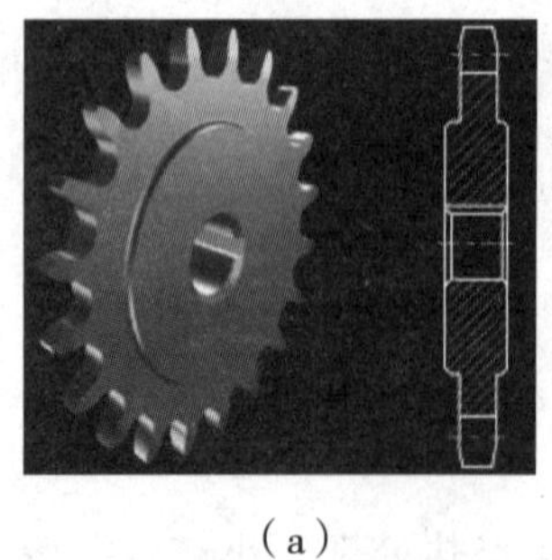

（a）

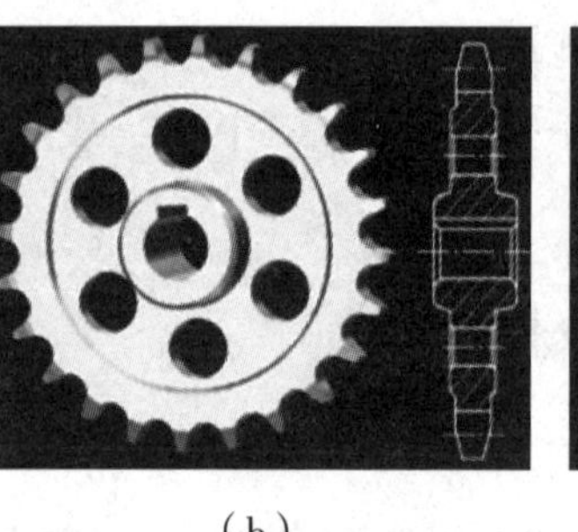

（b）

（c）

图 3-2-9　链轮结构

步骤二　分析链传动的运动特性

相关知识

链条进入链轮后形成折线，因此链传动相当于一对多边形轮之间的传动（如图 3–2–10 所示）。设 z_1、z_2 为两链轮的齿数，p 为节距（单位：mm），n_1、n_2 为两链轮的转速（单位：r/min），则链条线速度（简称"链速"）为

$$v=\frac{z_1pn_1}{60\times1000}=\frac{z_2pn_2}{60\times1000}\ (\mathrm{m/s}) \tag{3–2–1}$$

传动比为

$$i=\frac{n_1}{n_2}=\frac{z_2}{z_1} \tag{3–2–2}$$

以上两式求得的链速和传动比都是平均值。实际上，由于多边形效应，瞬时链速和瞬时传动比都是变化的。

现按图 3–2–10 分析链轮和链条的速度。假设链条的上边始终处于水平位置，铰链 A 已进入啮合。当主动轮以角速度 ω_1 回转时，链轮的分度圆的圆周速度为 ω_1（如图中铰链 A）。它沿链条前进方向的分速度为

$$v=\frac{d_1\omega_1}{2}\cos\beta \tag{3–2–3}$$

式中，β 为啮入过程中铰链 A 的圆周速度方向与链条前进方向所成的夹角。β 的变化范围为 $\left(-\frac{180°}{z_1}\right)\to0\to\left(+\frac{180°}{z_1}\right)$。

当 $\beta=0°$ 时，链速最大，$v_{max}=\frac{d_1\omega_1}{2}$；当 $\beta=\pm\frac{180°}{z_1}$ 时，链速最小，$v_{min}=\frac{d_1\omega_1}{2}\cos\frac{180°}{z_1}$。

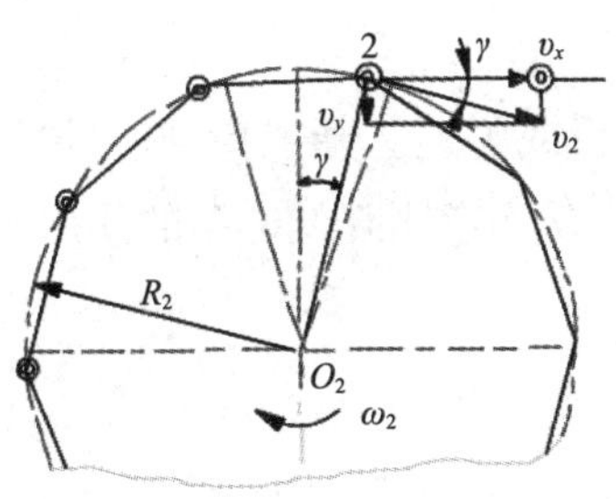

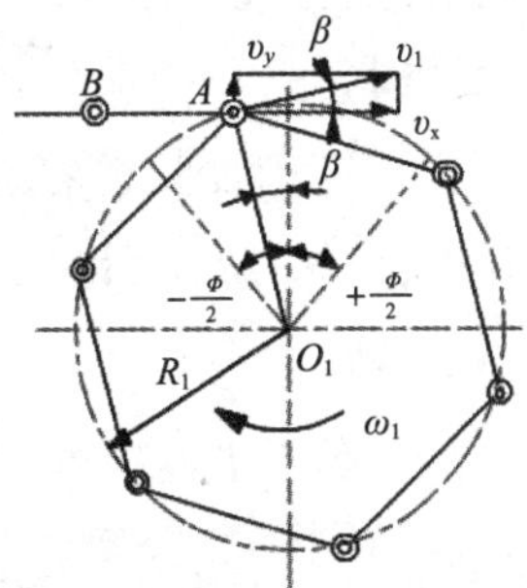

图 3–2–10　链传动的速度分析

即链轮每转过一齿，链速就时快时慢地变化一次。

由此可知，当 ω_1 为常数时，瞬时链速和瞬时传动比都作周期性变化。这种由于链条绕在链轮上形成多边形啮合传动而引起传动速度不均匀的现象，

网站

观看教材网站：单元三任务 3.2　教学动画。

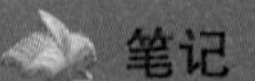

笔记

称为多边形效应。

链条在垂直于链节中心线方向的分速度为

$$v' = \frac{d_1\omega_1}{2}\sin\beta \tag{3-2-4}$$

该速度也作周期性变化，使链条上、下抖动。

从动轮的角速度 ω_2 也是变化的，所以链速和链传动的瞬时传动比也是变化的。对于链传动只能说平均传动比是准确的。

由上述分析可知，链传动工作时不可避免地会产生振动、冲击，引起附加的动载荷，因此链传动不适用于高速传动。

步骤三　设计链传动

相关知识

一、链传动的失效形式

1. *疲劳破坏*

链在松边拉力和紧边拉力的反复作用下，经过一定的循环次数，链板会发生疲劳破坏。正常润滑条件下，疲劳强度是限定链传动承载能力的主要因素。

2. *滚子套筒的冲击疲劳破坏*

链传动的啮入冲击首先由滚子和套筒承受。在反复多次的冲击下，经过一定的循环次数，滚子、套筒会发生冲击疲劳破坏。这种失效形式多发生于中、高速闭式链传动中。

3. *销轴与套筒的胶合*

润滑不当或速度过高时，销轴和套筒的工作表面会发生胶合。胶合限定了链传动的极限转速。

4. *铰链磨损*

铰链磨损后链节变长，容易引起跳齿或脱链。开式传动、环境条件恶劣或润滑密封不良时，极易引起铰链磨损，从而急剧降低链条的使用寿命。

5. *过载拉断*

过载拉断常发生于低速重载或严重过载的传动中。

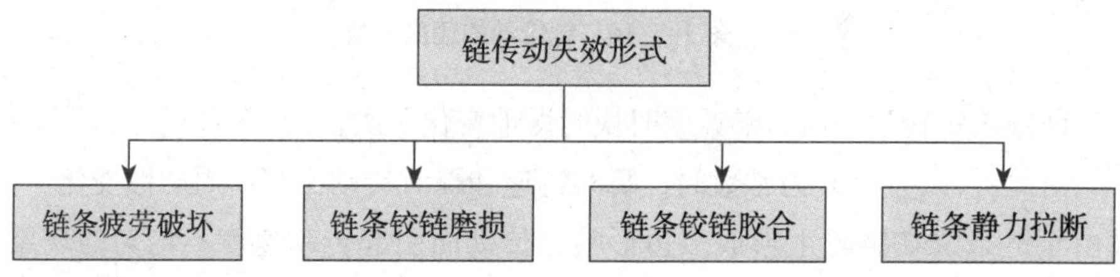

笔记

二、链传动的设计准则

1. 中、高速链传动（$v > 0.6\text{m/s}$）的设计准则

对于一般链速 $v > 0.6\text{m/s}$ 的链传动，其主要失效形式为疲劳破坏，故设计计算通常以疲劳强度为主并综合考虑其他失效形式的影响。计算准则为：传递的功率值（计算功率值）小于或等于许用功率值，即

$$P_c \leqslant [P]$$

式中，P_c 为计算功率；$[P]$ 为许用功率。

2. 低速链传动（$v \leqslant 0.6\text{m/s}$）的设计准则

当链速 $v \leqslant 0.6\text{m/s}$ 时，链传动的主要失效形式为链条的过载拉断，因此应进行静强度计算，校核其静强度安全系数 S，即

$$S = \frac{F_Q m}{K_A F} \geqslant 4 \sim 8$$

式中，F_Q 为单排链的极限拉伸载荷；m 为链条排数；F 为链的工作拉力（N），$F = \dfrac{1000P}{v}$，其中 P 为名义功率（kW），v 为链速（m/s）。

三、链传动的设计计算

（一）已知条件

链传动的用途和工作情况，原动机的类型，需要传递的功率，主动轮的转速，传动比以及外廓安装尺寸等。

（二）设计计算方法和步骤

1. 选择链轮齿数 z_1 和 z_2

为了保证传动平稳，减少冲击和动载荷，小链轮齿数 z_1 不宜过小，通常可按表 3-2-3 选取。大链轮齿数 $z_2=iz_1$，z_2 不宜过多，齿数过多除了增大传动的尺寸和质量外，还会出现跳齿和脱链等现象，通常 $z_2 < 120$。

表 3-2-3　小链轮齿数

链速 v/（m/s）	0.6～3	3～8	＞8
z_1	≥17	≥21	≥35

做一做

根据已学知识，确定任务中需设计的链传动的大、小链轮的齿数。

笔记

提示

由于链节数常取为偶数，为使链条与链轮的轮齿磨损均匀，链轮齿数一般应取与链节数互为质数的奇数。

滚子链的传动比 i（$i=z_1/z_2$）不宜大于 7，一般推荐 $i=2\sim3.5$，只有在低速时 i 可取大些。i 过大，链条在小链轮上的包角减小，啮合的轮齿数减少，从而加速轮齿的磨损。

2. 确定中心距和链节数

（1）初定中心距。

链传动中心距过小，则链条在小链轮上的包角较小，啮合的齿数少，导致磨损加剧，且易产生跳齿、脱链等现象。若中心距过大，则链传动的结构大，且由于链条松边的垂度大而产生抖动。大多数情况下 a 取（30 ~ 50）p。

（2）确定链节数。

链条长度用链的节数 L_p 表示。计算公式为

$$L_p = 2\frac{a}{p} + \frac{z_1 + z_2}{2} + \frac{p}{a}\left(\frac{z_2 - z_1}{2\pi}\right)^2 \tag{3-2-5}$$

由此算出的链节数，必须为整数，最好取为偶数。

（3）确定实际中心距。

运用上式可解得链的节数 L_p，求中心距 a 的公式为

$$a = \frac{p}{4}\left[\left(L_p - \frac{z_1 + z_2}{2}\right) + \sqrt{\left(L_p - \frac{z_1 + z_2}{2}\right)^2 - 8\left(\frac{z_2 - z_1}{2\pi}\right)^2}\,\right] \tag{3-2-6}$$

为了便于安装链条和调节链的张紧程度，一般中心距设计成可以调节的。若中心距不能调节而又没有张紧装置时，应将计算的中心距减小 2 ~ 5mm。

做一做

结合已学知识，确定任务中需设计的链转动的链节数和中心距。

3. 根据额定功率曲线确定链型号（如图 3-2-11 所示）

链条所能传递的额定功率是在规定的试验条件下得到的。其特定条件为：①两链轮轴水平安装，两链轮共面；②小链轮齿数；③传动比 i=3；④中心距 a=40p；⑤载荷平稳；⑥单排链；⑦工作寿命为 15000h；⑧按推荐的润滑方式润滑。

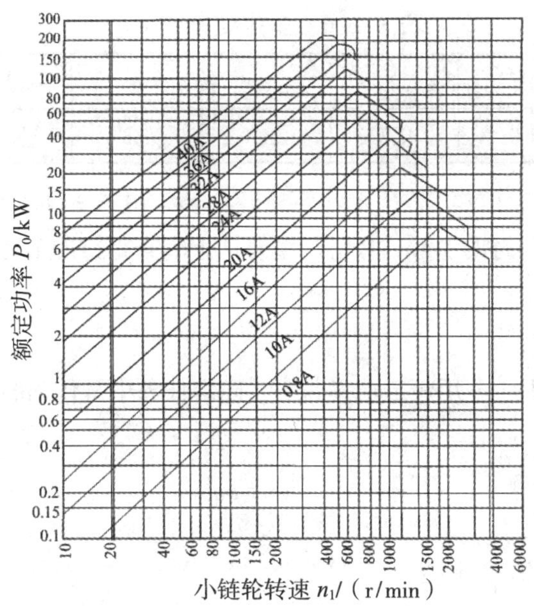

图 3–2–11　额定功率曲线

观看教材网站：单元三任务 3.2　教学动画。

设计时，如与上述条件不符，应对其所传递的功率进行修正。所以，P_0 值不能作为［P］，而必须对 P_0 值进行修正。

$$P_c = \frac{K_A K_z}{K_p} p_0 \tag{3-2-7}$$

式中，K_A 为链传动的工作情况系数（如表 3–2–4 所示）；K_z 主动链轮齿数系数（如表 3–2–5 所示）；K_p 多排链系数（如表 3–2–6 所示）。

表 3–2–4　工作情况系数 K_A

载荷种类	原动机	
	电动机或汽轮机	内燃机
载荷平稳	1.0	1.2
中等冲击	1.3	1.4
较大冲击	1.5	1.7

表 3–2–5　小链轮齿数系数 K_z

Z_1	9	11	13	15	17	19	21	23	25	27	29	31	33	35	37
K_z	0.446	0.555	0.667	0.775	0.893	1.00	1.12	1.23	1.35	1.46	1.58	1.70	1.81	1.94	2.12

笔记

表 3-2-6 多排链系数 K_p

排 数	1	2	3	4	5	6
K_p	1.0	1.7	2.5	3.3	4.1	5.0

根据链传动的计算功率 P_c 和小链轮转速 n_1，由 A 系列滚子链额定功率曲线图 3-2-1 可查得链的型号，按链的型号从上表查得链的节距 P。

做一做

根据已学知识，利用额定功率曲线，确定任务中链传动的链型号。

4. 验算链速 v

$$v=\frac{z_1 p n_1}{60\times 1000}$$

v 值在 3 ~ 8m/s 范围内。

做一做

根据已学知识，验算任务中需设计的链传动的链速。

5. 确定润滑方式

链传动的润滑是影响传动工作能力和寿命的重要因素之一，润滑良好可减少铰链磨损。润滑方式可根据链速和链节距的大小由图 3-2-12 选择。具体润滑装置如图 3-2-13 所示。润滑油应加于松边，以便润滑油渗入各运动接触面。润滑油一般可采用 L—AN32、L—AN46、L—AN68 油。

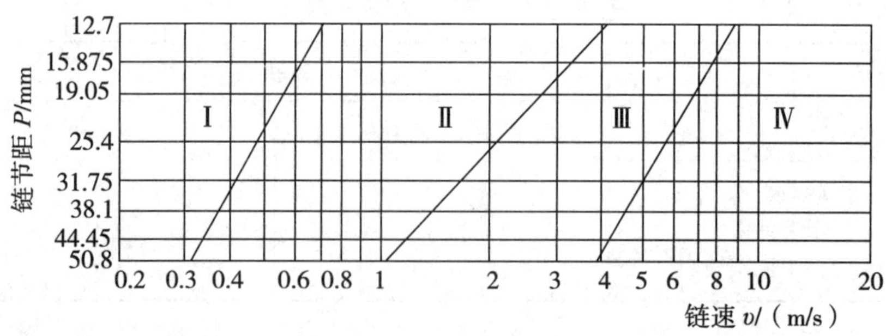

Ⅰ—人工定期润滑 Ⅱ—滴油润滑 Ⅲ—油浴或飞溅润滑 Ⅳ—压力喷油润滑

图 3-2-12 推荐的润滑方式

笔记

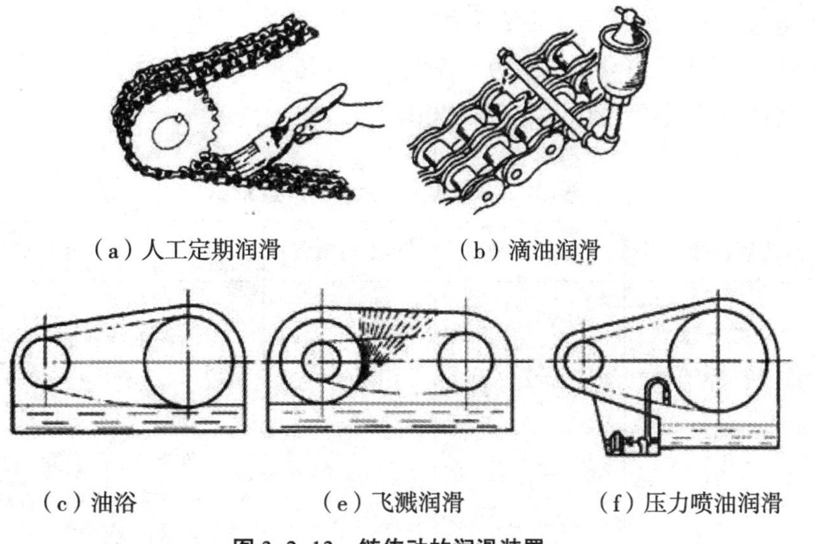

（a）人工定期润滑　（b）滴油润滑

（c）油浴　（e）飞溅润滑　（f）压力喷油润滑

图 3–2–13　链传动的润滑装置

做一做

根据已学知识，确定任务中需设计的链传动的润滑方式。

6. 计算作用在轴上的拉力 F_Q

对于水平传动和倾斜传动 F_Q 为

$$F_Q=(1.15\sim1.20)K_AF_t \tag{3–2–8}$$

对于接近垂直布置的传动 F_Q 为

$$F_Q=1.05K_AF_t \tag{3–2–9}$$

式中，K_A 为工作情况系数，如表 3–2–4 所示；F_t 为有效圆周力，$F_t=1000P/v$。

做一做

根据已学知识，计算任务中需设计的链传动作用在轴上的拉力。

7. 链轮设计

做一做

根据已学知识，确定任务中需设计的链传动的链轮结构。

8. 链传动的布置和张紧

（1）链传动的布置。

为使链传动能正常工作，应注意其合理布置，布置的原则如下。

① 两链轮的回转平面应在同一垂直平面内，否则易使链条脱落和产生不正常的磨损。

② 两链轮中心连线最好是水平的，或与水平面呈 45° 以下倾角，尽量避

笔记

免垂直传动，以免与下方链轮啮合不良或脱离啮合。

③ 链条应使主动边（紧边）在上、从动边（松边）在下，以免松边垂度过大时链与轮齿相干涉或紧、松边相碰。

表 3–2–7　链传动合理布置形式

传动参数	正确布置	不正确布置	说　明
$i > 2$ $a=(30\sim50)P$			两轮轴线在同一水平面，紧边在上、在下均不影响工作
$i > 2$ $a < 30P$			两轮轴线不在同一水平面时，松边应在下面，否则在松边下垂量较大的情况下，从动轮会阻碍链条退啮，严重的会出现链轮卡死现象
$i < 1.5$ $a > 60P$			两轮轴线在同一水平面时，松边应在下面，否则在松边下垂量较大的情况下，松边可能与紧边相碰，需经常调整中心距
i、a 为任意值			两轮轴线在同一铅垂面内，链条下垂会减少下链轮有效啮合齿数，降低传动能力，为此可采用：①中心距可调；②设张紧装置；③上、下两轮错开，使两轮轴线不在同一铅垂面内

（2）链传动的张紧。

链传动需适当张紧，以免松边垂度过大，引起啮合不良和链条振动。张紧的方法很多，最常见的是移动链轮以增大两轮的中心距；但如中心距不可调时，也可以采用张紧轮张紧，如图 3–2–14 所示，张紧轮应装在靠近主动链轮的松边上。

图 3–2–14　链传动的张紧

做一做

（1）同学们分小组，按照上述设计步骤，对带式输送机中的链传动设计结果进行汇总。

（2）绘制链轮的结构图，填写技术要求，检查并签名。

（3）根据已学知识，确定带式输送机中链传动的布置和张紧方法。

快速设计技术

快速设计也称快速响应设计、敏捷设计。快速设计技术是当前市场在对产品多样化、瞬变性等需求的形势下提出并发展起来的。产品快速设计与制造的主要目的是缩短产品的设计周期，提高产品设计质量，以及提高企业对市场的快速响应能力。产品快速设计并没有将其解决问题的范围扩大到企业的整个生产领域，而只是将重点放在缩短产品的设计开发周期上，尤其是总体结构和设计方案阶段，以提高产品一次开发成功和快速响应市场的能力。产品快速设计是先进制造技术发展的产物，是计算机辅助设计与制造技术的发展和延伸，它涉及并行工程技术、产品数据管理（PDM）技术、专家系统、集成建模、优化技术、网络技术以及价值工程和生产工程技术等。快速设计的理论和方法主要有数字化设计、网络化协同设计、模块化设计、智能化设计和绿色设计等。

快速设计应包含以下三方面内容：一是机械产品族结构规划。利用模块化设计方法对产品的结构变形及规格系列进行规划，建立系列化的产品族结构，构造模块系统并利用参数化、变量化方法建立产品库、模块库，利用知识化方法建立产品设计对象及其设计过程知识库；二是机械产品设计方案的快速生成。根据用户需求，利用知识化方法和变量化方法，匹配并定制特定产品所需模块，通过模块综合，生成满足用户需求的产品设计方案；三是机械产品设计方案的快速评价与仿真。对产品设计方案进行装配、运动仿真和动、静态性能分析，评价方案的可行性及设计需求满足程度，对产品设计方案进行优化并对影响产品性能的薄弱模块环节进行修改。

巩固与拓展

一、知识巩固

对照本任务知识脉络图，梳理自己所掌握的知识体系，并与同学相互交流、研讨个人对某些知识点或技能技巧的理解。

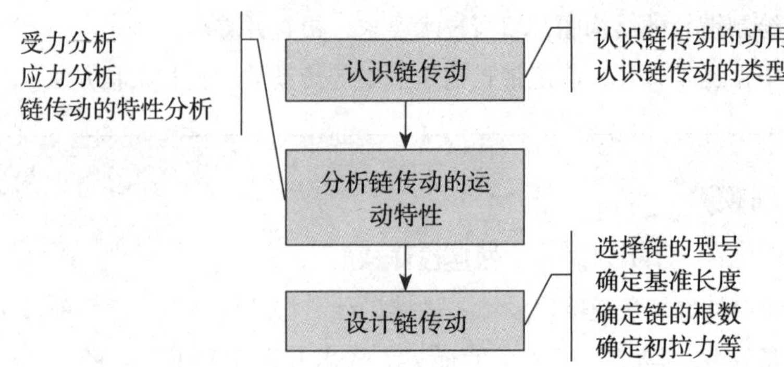

完成自主学习手册单元三任务 3.2 任务拓展。

二、拓展任务

（1）根据任务 3.2 完成的工作步骤及方法，利用所学知识，完成自主学习手册中的拓展任务。

（2）查阅机械设计手册中链传动的设计，谈谈自己对链传动设计的理解。

笔记

任务 3.3 齿轮传动设计

任务目标

通过学习本任务，学生应达到以下目标：

□ 了解齿轮传动的作用和分类；

□ 了解齿轮传动的特性；

□ 掌握齿轮各部分名称及计算；

□ 掌握标准圆柱直齿齿轮传动的设计步骤和方法。

任务描述

● 任务内容

带式输送机中的单级齿轮减速器装配图如图 3-3-1 所示，分析减速器中齿轮传动的作用和类型。已知输入功率 P_1 = 10kW，小齿轮转速 n_1 = 960r/min，齿数比 u = 3.2，由电动机驱动，工作寿命 15 年（设每年工作 300 天），两班制，带式输送机工作平稳，转向不变。

● 实施条件

□ 计算器、机械设计手册等。

□ 减速器齿轮传动的三维模型。

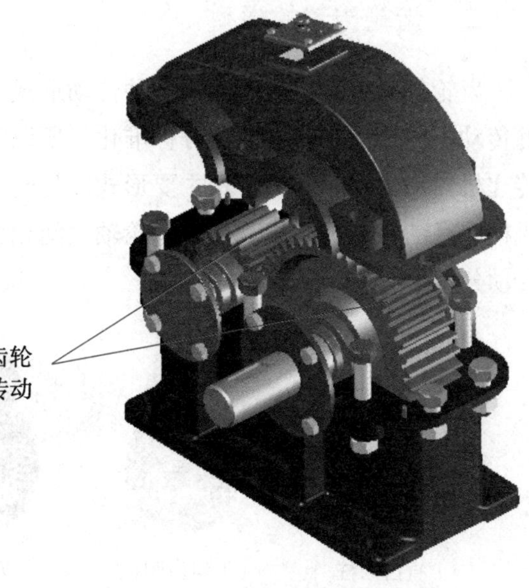

图 3-3-1　减速器装配图

手册

完成《自主学习手册》单元三任务 3.3 学习引导。

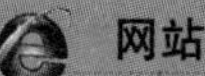

网站

观看教材网站：单元三任务 3.3 教学视频。

笔记

程序与方法

步骤一　认识齿轮传动

想一想

根据日常生活见闻，你都见过哪些类型的齿轮传动？

相关知识

一、齿轮传动的优点和缺点

1. 优点

（1）传递的功率大（可达 1×10^5kW 以上）、速度范围广（圆周速度可从很低到 300 m/s）。

（2）效率高（0.94 ~ 0.98）、工作可靠、寿命长、结构紧凑。

（3）能保证恒定的瞬时传动比，可传递空间任意两轴间的运动。

2. 缺点

（1）制造、安装精度要求较高，因而成本也较高。

（2）不宜做轴间距离过大的传动。

网站

观看教材网站：单元三任务3.3 教学视频。

二、齿轮传动的类型

齿轮传动是应用最广泛的一种传动形式。齿轮是广泛用于机械或部件中的传动零件，由于其参数部分标准化，所以将其划归为常用件。齿轮传动是传递机器动力和运动的一种主要形式。齿轮的设计与制造水平将直接影响到机械产品的性能和质量。按照齿轮轴线间相互位置、齿向和啮合情况，齿轮传动分类如图 3–3–2 所示。

（a）直齿圆柱齿轮传动

（b）斜齿圆柱齿轮传动

（c）人字齿圆柱齿轮传动

（d）内啮合齿轮传动

（e）直齿锥齿轮传动　（f）斜齿锥齿轮传动　（g）交错轴斜齿轮传动　（h）齿轮齿条传动

图 3–3–2　常用齿轮传动分类

想一想

请同学们思考，学习任务中齿轮传动的类型该如何选择？

三、渐开线标准直齿圆柱齿轮的各部分名称和代号

图 3–3–3 所示为直齿圆柱齿轮的一部分，图 3–3–3（a）为外齿轮，图 3–3–3（b）为内齿轮，图 3–3–3（c）为齿条。由图可知，轮齿两侧齿廓是形状相同、方向相反的渐开线曲面。

图 3–3–3（a）所示为直齿圆柱齿轮的一部分，其各部分名称及符号解释如下。

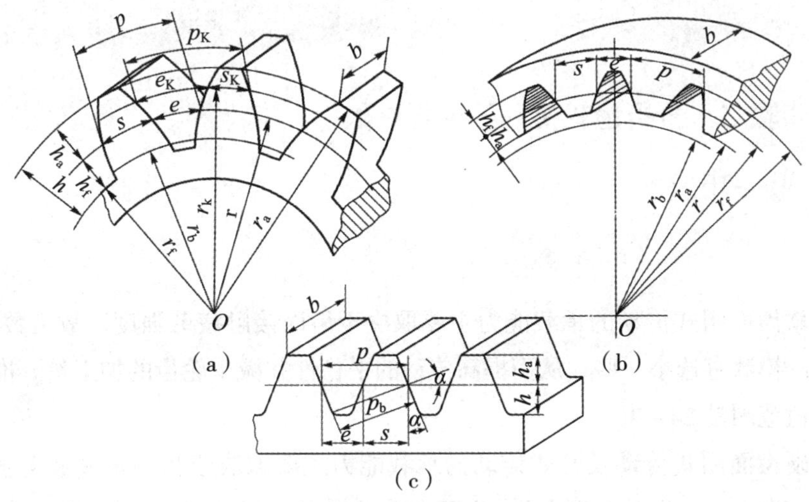

图 3–3–3　齿轮各部分的名称和符号

笔记

网站

观看教材网站：单元三任务 3.3 教学动画。

笔记

（1）齿顶圆　过齿轮各轮齿顶端所连成的圆，其直径用 d_a 表示，半径用 r_a 表示。

（2）齿根圆　过齿轮各轮齿槽底部所连成的圆，其直径用 d_f 表示，半径用 r_f 表示。

（3）齿厚　任意圆周上相邻两齿间的弧长，用 s_K 来表示。

（4）齿槽宽　任意圆周上相邻两齿间的弧长，用 e_K 表示。

（5）分度圆　对于标准齿轮而言，齿厚与槽宽相等的那个圆，其直径用 d 表示。分度圆上的齿厚和槽宽分别用 s 和 e 表示。在设计和制造齿轮时，分度圆是度量齿轮尺寸和分齿的基准圆。

（6）齿距　相邻两齿同侧齿廓在分度圆上对应点间的弧长，用 p 表示。即

$$p = s+e$$

（7）齿顶高　分度圆到齿顶圆的径向距离，用 h_a 表示。

（8）齿根高　分度圆到齿根圆的径向距离，用 h_f 表示。

（9）全齿高　齿顶圆到齿根圆的径向距离，用 h 表示。

（10）齿宽　轮齿的轴向宽度，用 b 表示。

做一做

请同学们对标准直齿圆柱齿轮的各部分名称和代号进行认知和记忆。

提示

内齿轮、齿条的参数和外齿轮的参数有很多地方不同，请同学们细心观察。

网络空间

参考教学资源单元三任务 3.3 助学课件。

步骤二　分析齿轮传动的主要参数

相关知识

一、确定齿轮传动的齿数 z

软齿面闭式传动的承载能力主要取决于齿面接触疲劳强度。故齿数宜选多些，模数宜选小一些，从而提高传动的平稳性并减少轮齿的加工量。推荐 z 的取值范围是 24 ~ 40。

硬齿面闭式传动及开式传动的承载能力主要取决于齿根弯曲疲劳强度。模数宜选大些，齿数宜选少些，从而控制齿轮传动尺寸不必要的增加。推荐 z 的取值范围是 17 ~ 24。

二、确定模数 m

分度圆直径 d 与齿数 z 及齿距 p 有如下关系：

$$\pi d = pz \quad 或 \quad d = \frac{p}{\pi}z$$

式中，π 是一个无理数，用上式来计算分度圆直径很不方便，所以在工程上把齿距 p/π 取成有理数（使 p 的数值为 π 的倍数），这个比值称为模数，用符号 m 表示，即

$$m = \frac{p}{\pi}$$

则

$$d = mz$$

模数是设计和制造齿轮的基本参数。为了设计和制造方便，已将模数的数值标准化。模数的标准值如表 3–3–1 所示。

表 3–3–1 渐开线圆柱齿轮标准模数［摘自（GB/T 1357—1987）］

第一系列	0.1，0.12，0.15，0.2，0.25，0.3，0.4，0.5，0.6，0.8，1，1.25，1.5，2，2.5，3，4，5，6，8，10，12，16，20，25，32，40，50
第二系列	0.35，0.7，0.9，1.75，2.25，2.75，（3.25），3.5，（3.75），4.5，5.5，（6.5），7，9，（11），14，18，22，28，（30），36，45

注：优先采用第一系列，其次是第二系列，括号内的模数尽量不用。

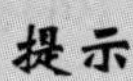
提示

由于模数是齿距 p 和 π 的比值，因此若齿轮的模数大，其齿距就大，齿轮的轮齿就大。若齿数一定，则模数大的齿轮，其分度圆直径就大，轮齿也大，齿轮能承受的力量也就大。相互啮合的两个齿轮，其模数必须相等。加工齿轮也需选用与齿轮模数相同的刀具，因而模数又是选择刀具的依据。

作为传递动力的齿轮，模数 m 不应小于 2mm。

三、压力角的选择

压力角为两齿轮啮合时齿廓在节点处的公法线与两节圆的公切线所成的锐角，用希腊字母“α”表示。标准渐开线圆柱齿轮压力角为 20°。

网络空间

参考教学资源单元三任务 3.3 教学录像。

笔记

提示

两标准直齿圆柱齿轮正确啮合传动的条件是模数和压力角分别相等。

四、齿数比

一对齿轮传动的齿数比 u 不宜选择过大，否则大、小齿轮的尺寸相差悬殊，增大了传动装置的结构尺寸。一般对于直齿圆柱齿轮传动 $u \leqslant 5$，斜齿圆柱齿轮传动 u 为 6～7。当传动比较大时，可采用两级或多级齿轮传动。

五、齿宽系数 Ψ_d 和齿宽 b

齿宽系数$\Psi_d=\dfrac{b}{d_1}$，当 d_1 一定时，增大齿宽系数必然增大齿宽，可提高齿轮的承载能力。但齿宽越大，载荷沿齿宽的分布越不均匀，造成偏载而降低传动能力。因此，设计齿轮传动时应合理选择 Ψ_d。一般取 $\Psi_d=0.2\sim1.4$，如表 3–3–2 所示。

表 3–3–2　齿宽系数 Ψ_d

齿轮相对于轴承的位置	齿面硬度	
	软齿面（≤ 350 HBS）	硬齿面（> 350 HBS）
对称布置	0.8～1.4	0.4～0.9
不对称布置	0.6～1.2	0.3～0.6
悬臂布置	0.3～0.4	0.2～0.25

提示

在一般精度的圆柱齿轮减速器中，为补偿加工和装配的误差，应使小齿轮比大齿轮宽一些，小齿轮的齿宽取 $b_1=b_2+$（5～10）mm。所以齿宽系数 Ψ_d 实际上为 b_2/d_1。齿宽 b_1 和 b_2 都应圆整为整数，最好个位数为 0 或 5。

步骤三　分析齿轮传动的受力特性

相关知识

一、计算齿轮的许用应力

1. 许用接触应力

许用接触应力根据材料和轮齿硬度由表 3–3–3 查出。

表 3–3–3　许用接触应力 [σ_H] 值

（MPa）

材　料	热处理方法	齿面硬度	[σ_H]
普通碳钢	正火	150～210 HBS	240 + 0.8HBS
碳素钢	调质、正火	170～270 HBS	380 + 0.7HBS
合金钢	调质	200～350 HBS	380 + HBS
铸钢	—	150～200 HBS	180 +0.8HBS
碳素铸钢	调质、正火	170～230HBS	310 + 0.7HBS
合金铸钢	调质	200～350 HBS	340 + HBS
碳素钢，合金钢	表面淬火	45～58 HRC	55 + 11HRC
合金钢	渗碳淬火	54～64 HRC	23HRC
灰铸铁	—	150～250HBS	120 + HBS
球墨铸铁	—	200～300 HBS	170 + 1.4HBS

2. 许用弯曲应力

许用弯曲应力与齿轮材料、热处理、轮齿表面硬度和弯曲应力的变化特征有关，其值如表 3–3–4 所示。

表 3–3–4　许用弯曲应力 [σ_F] 值

（MPa）

材　料	热处理方法	齿面硬度	[σ_F]
普通碳钢	正火	150～210 HBS	130 + 0.15HBS
碳素钢	调质，正火	170～270HBS	140 + 0.2HBS
合金钢	调质	200～350HBS	155 + 0.3HBS
铸钢	—	150～200HBS	100 + 0.15HBS
碳素铸钢	调质，正火	170～230HBS	120 + 0.2HBS
合金铸钢	调质	200 + 350HBS	125 + 0.25HBS

笔记

续表

材　料	热处理方法	齿面硬度	[σ_F]
碳素钢，合金钢	表面淬火	45～58HRC	160＋2.5HRC
合金钢	表面淬火	54～63HRC	5.8HRC
灰铸铁	—	150～250HBS	30＋0.1HBS
球墨铸铁	—	200～300HBS	130＋0.2HBS

做一做

根据陈述内容，计算任务 3.3 中的大、小齿轮的许用接触应力［σ_H］值和许用弯曲应力［σ_F］值。

二、确定载荷系数 K 和齿轮传动的扭矩

齿轮传动在实际工作时，由于原动机和工作机的工作特性不同，会产生附加的动载荷。齿轮、轴、轴承的加工、安装误差及弹性变形会引起载荷集中，使实际载荷增加。法向力 F_n 为名义载荷，考虑各种实际情况，通常用计算载荷 KF_n 取代名义载荷 F_n，K 为载荷系数，由表 3–3–5 查取。计算载荷用符号 F_{nc} 表示，即

$$F_{nc}=KF_n \tag{3-3-1}$$

表 3–3–5　载荷系数

工作机械	载荷特性	原动机		
		电动机	多缸内燃机	单缸内燃机
均匀加料的运输机和加料机、发电机、机床辅助传动	均匀、轻微冲击	1～1.2	1.2～1.6	1.6～1.8
不均匀加料的运输机和加料机、重型卷扬机、球磨机、机床主传动	中等冲击	1.2～1.6	1.6～1.8	1.8～2.0
冲床、钻床、轧机、破碎机、挖掘机	大的冲击	1.6～1.8	1.9～2.1	2.2～2.4

为计算轮齿的强度、设计轴和轴承，必须首先分析轮齿上的作用力。图 3–3–4 所示为一对标准直齿圆柱齿轮传动，齿廓在节点 P 接触，作用在主动轮上的转矩为 T_1，忽略接触处的摩擦力，则两轮在接触点处相互作用的法向力 F_n 是沿着啮合线 N_1N_2 方向的，图示的法向力为作用于主动轮的力，可用 F_{n1} 表示。法向力在分度圆上可分解成两个互相垂直的分力，即圆周力 F_{t1} 及径向力 F_{r1}。根据力平衡条件可得出作用在主动轮上的力为

网站

观看教材网站：单元三任务3.3 教学动画。

$$\left.\begin{aligned} F_{t1} &= \frac{2T_1}{d_1} \quad (\text{圆周力}) \\ F_{r1} &= F_1 \cdot \tan\alpha' \ (\text{径向力}) \\ F_{n1} &= \frac{F_{t1}}{\cos\alpha'} \ (\text{法向力}) \end{aligned}\right\}$$

式中，T_1 为主动轮上转矩（N·mm）；d_1 为主动轮分度圆直径（mm）；α' 为节圆上的压力角，对于标准齿轮有 $\alpha'=\alpha=20°$。

根据作用力与反作用力的原则，可求出作用在从动轮上的力为

$$F_{t1}=-F_{t2}$$
$$F_{r1}=-F_{r2}$$
$$F_{n1}=-F_{n2}$$

主动轮上所受的圆周力是阻力，它的运动方向与旋转方向相反；从动轮上所受的力是驱动力，它的运动方向与旋转方向相同。两齿轮上的径向力方向分别指向各自的轮心（如图 3-3-4 所示）。

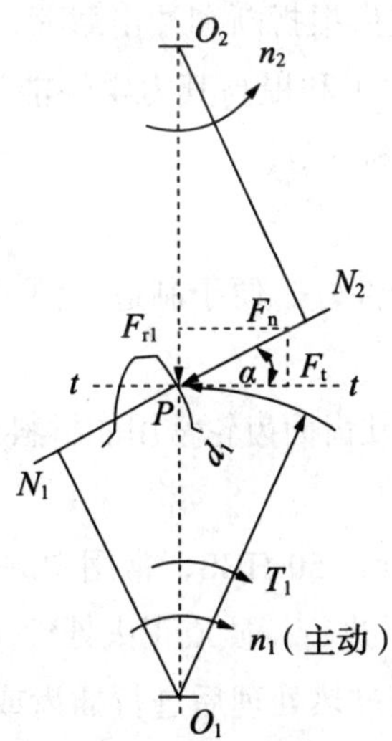

图 3-3-4　直齿圆柱齿轮传动的受力分析

一般情况下，主动轮转速的功率 P、转速 n_1 为已知，可求得主动轮的转矩 T_1 为

$$T_1=9.55\times 10^6\,\frac{P}{n_1}$$

式中，T_1 的单位为 N·mm；P 的单位为 kW；n_1 的单位为 r/min。

做一做

计算学习任务 3.3 中齿轮传动的扭矩 T_1。

笔记

步骤四　设计齿轮传动

相关知识

一、对齿轮传动有两个基本要求

第一，传动要平稳，要求齿轮传动的瞬时传动比不变，尽量减小冲击、振动和噪声，以保证机器正常工作。

第二，要求齿轮传动承载能力高，要求在尺寸小、质量小的前提下，轮齿的强度高、耐磨性好，在预定的使用期限内不出现断齿、齿面点蚀及严重磨损等失效现象。在齿轮的设计、生产和科研中，有关齿廓曲线、齿轮强度、制造精度、加工方法以及热处理工艺等，都是围绕上述两个基本要求进行的。

二、齿轮材料的要求

由轮齿的失效分析可知，对齿轮材料的基本要求为：①齿面应有足够的硬度，以抵抗齿面的磨损、点蚀、胶合以及塑性变形等；②齿芯应有足够的强度和较好的韧性，以抵抗齿根折断和冲击载荷；③应有良好的加工工艺性能及热处理性能，以便于加工和提高其力学性能。最常用的齿轮材料是钢，此外还有铸铁及一些非金属材料等。

1．锻钢

锻钢因具有强度高、韧性好、便于制造、便于热处理等优点，所以大多数齿轮都用锻钢制造。

下面介绍软齿面齿轮和硬齿面齿轮常用的材料。

（1）软齿面齿轮。

软齿面齿轮的齿面硬度≤ 350 HBS，常用中碳钢和中碳合金钢，如 45 号钢、40Cr、35SiMn 等材料，进行调质或正火处理。这种齿轮适用于强度、精度要求不高的场合，轮坯经过热处理后进行插齿或滚齿加工，生产便利、成本较低。

在确定大、小齿轮硬度时应注意使小齿轮的齿面硬度比大齿轮的齿面硬度高 30 ~ 50HBS。这是因为小齿轮受载荷次数比大齿轮多，为使两齿轮的轮齿接近等强度，小齿轮的齿面要比大齿轮的齿面硬一些。

（2）硬齿面齿轮。

硬齿面齿轮的齿面硬度大于 350HBS，常用的材料为中碳钢或中碳合金钢，如 20 号钢、20Cr、20CrMnTi 等，需渗碳、淬火，其硬度可达 56 ~ 62HRC。热处理后需磨齿，如内齿轮不便于磨削，可采用渗氮处理（采用这种方法，在齿轮加工制造过程中轮齿的变形较小）。

笔记

2．铸钢

当齿轮的尺寸较大（400～600mm）而不便于锻造时，可用铸造方法制成铸钢齿坯，再进行正火处理以细化晶粒。

3．铸铁

低速、重载场合的齿轮可以制成铸铁齿坯。当尺寸大于 500mm 时可制成大齿圈，或制成轮辐式齿轮。铸铁齿轮的加工性能、抗点蚀、抗胶合性能均较好，但强度低、耐磨性能、抗冲击性能差。为避免局部折断，其齿宽应取得小些。

球墨铸铁的力学性能和抗冲击能力比灰铸铁高，可代替铸钢铸造大直径齿轮。

4．非金属材料

非金属材料的弹性模量小，传动中齿轮的变形可减轻动载荷和噪声，适用于高速轻载、精度要求不高的场合，常用的有夹布胶木、工程塑料等。

齿轮常用材料的力学性能及应用范围如表 3-3-6 所示。

表 3-3-6　常用齿轮材料及其力学性能

材料	热处理方法	抗拉强度 σ_b/MPa	屈服强度 σ_s/MPa	齿面硬度 HBW	许用接触应力 $[\sigma_H]$/MPa	许用弯曲应力 $[\sigma_F]$/MPa
HT300	—	300		187～255	290～340	80～105
QT600—3	正火	600		190～270	436～535	262～315
ZG310～570	正火	580	320	163～197	270～301	171～189
ZG340～600	正火	650	350	179～207	288～306	182～196
45	正火	580	290	162～217	468～513	280～301
ZG340～640	调质	700	380	241～269	468～490	248～259
45	调质	650	360	217～255	513～545	301～315
35SiMn	调质	750	450	217～269	612～675	427～504
40Cr	调质	700	450	241～286	612～675	399～427
45	调质后表面淬火	—	—	40～50HRC	972～1053	427～504
40Cr	调质后表面淬火	—	—	48～55HRC	1035～1098	483～518
20Cr	渗碳后淬火	650	400	56～62HRC	1350	645
20CrMnTi	渗碳后淬火	1100	850	56～62HRC	1350	645

笔记

三、齿轮精度等级范畴

齿轮精度等级的高低，直接影响着内部动载荷、齿间载荷分配与齿向载荷分布及润滑油膜的形成，并影响齿轮传动的振动与噪声。提高齿轮的加工精度，可以有效地减少振动及噪声，但制造成本大为提高。一般按工作机的要求和齿轮的圆周速度确定精度等级。表 3–3–7 推荐了齿轮传动的精度等级范畴。

表 3–3–7　各类机器所用的齿轮传动的精度等级范畴

机器名称	精度等级	机器名称	精度等级
汽轮机	3 ~ 6	拖拉机	6 ~ 8
金属切削机床	3 ~ 8	通用减速器	6 ~ 8
航空发动机	4 ~ 8	锻压机床	6 ~ 9
轻型汽车	5 ~ 8	起重机	7 ~ 10
载重汽车	7 ~ 9	农用机械	8 ~ 11

做一做

分析任务 3.3 中齿轮传动的选材，学生分组陈述不同材料的性能。对大、小齿轮的材料及热处理方式进行对比分析并确定选定的是闭式软齿面齿轮传动还是闭式硬齿面齿轮传动（提示：闭式软齿面硬度≤ 350HBS；闭式硬齿面硬度＞ 350HBS）。

四、轮齿传动设计准则

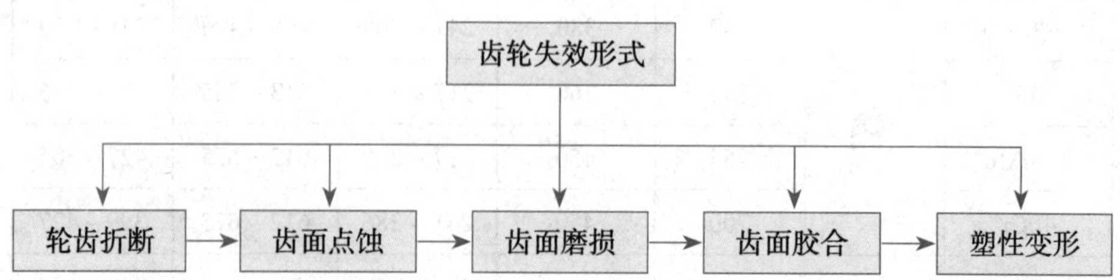

设计齿轮传动时应根据齿轮传动的工作条件、失效情况等，合理地确定设计准则，以保证齿轮传动有足够的承载能力。工作条件、齿轮的材料不同。轮齿的失效形式就不同，设计准则、设计方法也不同。

闭式软齿面（硬度≤ 350HBS）齿轮传动，齿面点蚀是主要的失效形式，应按齿面接触疲劳强度进行设计计算，确定齿轮的主要参数和尺寸，然后再按弯曲疲劳强度校核齿根的弯曲强度。

闭式硬齿面（硬度＞350HBS）齿轮传动，因齿根折断而失效，故通常先按齿根弯曲疲劳强度进行设计计算，确定齿轮的模数和其他尺寸，然后再按接触疲劳强度校核齿面的接触强度。

提示

对于开式齿轮传动中的齿轮，齿面磨损为其主要失效形式，故通常按照齿根弯曲疲劳强度进行设计计算，确定齿轮的模数，考虑磨损因素，再将模数增大10%～20%，而无须校核接触强度。

笔记

做一做

确定设计任务3.3应该选用的是哪一项设计准则，分小组进行讨论。

五、直齿圆柱齿轮传动的设计

1. 按齿面接触疲劳强度设计

轮齿不产生齿面疲劳点蚀的强度条件为

$$\sigma_H \leqslant [\sigma_H]$$

$$\sigma_H = 3.52 Z_E \sqrt{\frac{KT_1(u \pm 1)}{b d_1^2 u}} \leqslant [\sigma_H] \quad (3\text{-}3\text{-}2)$$

为了便于计算，引入齿宽系数$\Psi_d = \dfrac{b}{d_1}$并代入上式，得到齿面接触疲劳强度的设计公式为

$$d_1 \geqslant \sqrt[3]{\frac{KT_1(u \pm 1)}{\Psi_d u}\left(\frac{3.52 Z_E}{[\sigma_H]}\right)^2} \quad (3\text{-}3\text{-}3)$$

式中，$[\sigma_H]$为齿轮材料的许用接触应力（MPa）；u为两齿轮的齿数比，$u = z_2/z_1$，“+”用于外啮合，“−”用于内啮合；Ψ_d为齿宽系数，查表3-3-2；K为载荷系数，查表3-3-5；T_1为主动轮上的转矩（N·mm）；Z_E为齿轮材料的弹性系数，查表3-3-8。

表 3–3–8　材料弹性系数 Z_E

（MPa）

小齿轮材料	大齿轮材料			
	钢	铸钢	球墨铸铁	灰铸铁
钢	189.8	188.9	181.4	162.0
铸钢	—	188.0	180.5	161.4
球墨铸铁	—	—	173.9	156.6
灰铸铁	—	—	—	143.7

若两齿轮材料都选用钢时，$Z_E=189.8\text{MPa}$，将其分别代入校核公式（3–3–2）和设计公式（3–3–3），可得一对钢齿轮的设计公式为

$$d_1 \geqslant 76.43\sqrt[3]{\frac{KT_1(u\pm 1)}{\psi_d u[\sigma_H]^2}} \qquad (3\text{–}3\text{–}4)$$

校核公式为

$$\sigma_H = 668\sqrt{\frac{KT_1(u\pm 1)}{bd_1^2 u}} \leqslant [\sigma_H] \qquad (3\text{–}3\text{–}5)$$

通过公式分析得出结论如下。

（1）两齿轮齿面接触应力 σ_{H1} 与 σ_{H2} 大小相同。

（2）两齿轮的许用接触应力［σ_{H1}］与［σ_{H2}］一般不同，进行强度计算时应选用较小值。

（3）齿轮齿面接触疲劳强度与齿轮直径或中心距的大小有关，即与 m 和 z 的乘积有关，而与模数的大小无关。当一对齿轮的材料、齿宽系数、齿数比一定时，由齿面接触强度所决定的承载能力仅与齿轮的直径或中心距有关。

2. 按齿根弯曲疲劳强度设计

轮齿不产生弯曲疲劳折断的强度条件为

$$\sigma_F \leqslant [\sigma_F]$$

弯曲疲劳强度的校核公式为

$$\sigma_F = \frac{2KT_1}{bmd_1}Y_F Y_S = \frac{2KT_1}{bm^2 z_1}Y_F Y_S \leqslant [\sigma_F] \qquad (3\text{–}3\text{–}6)$$

式中，T_1 为主动轮的转矩（N·mm）；b 为轮齿的接触宽度（mm）；z_1 为主动轮的齿数；［σ_F］为轮齿的许用弯曲应力（MPa）；Y_F 为齿轮的齿形系数，查表 3–3–9；Y_S 为齿轮的应力修正系数，查表 3–3–10。

表 3–3–9　标准外齿轮的齿形系数 Y_F

Z	12	14	16	17	18	19	20	22	25	28	30	35	40	45	50	60	80	100	≥ 200
Y_F	3.47	3.22	3.03	2.97	2.91	2.85	2.81	2.75	2.65	2.58	2.54	2.47	2.41	2.37	2.35	2.30	2.25	2.18	2.14

注：$\alpha=20°$，$h_a^{※}=1$，$c^{※}=0.25$。

笔记

引入齿宽系数$\Psi_d=\frac{b}{d_1}$，代入式（3-3-6）可得出齿根弯曲强度的设计公式为

$$m \geqslant 1.26\sqrt[3]{\frac{KT_1 Y_F Y_S}{\psi_d z_1^2[\sigma_F]}} \qquad (3-3-7)$$

应注意，通常两个相啮合齿轮的齿数是不同的，故齿形系数 Y_F 和应力修正系数 Y_S 都不相等，而且齿轮的许用应力［σ_F］也不一定相等，因此必须分别校核两齿轮的齿根弯曲强度。在设计计算时，应将两齿轮的$\frac{Y_F Y_S}{[\sigma_F]}$值进行比较，取其中较大者代入式（3-3-7）计算，计算所得模数应圆整成标准值。

表 3-3-10　标准外齿轮的应力修正系数 Y_S

Z	12	14	16	17	18	19	20	22	25	28	30	35	40	45	50	60	80	100	≥ 200
Y_S	1.44	1.47	1.51	1.53	1.54	1.55	1.56	1.58	1.59	1.61	1.63	1.65	1.67	1.69	1.71	1.73	1.77	1.80	1.88

注：$\alpha=20°$，$h_a^{※}=1$，$c^{※}=0.25$，$\rho_f=0.38m$，ρ_f 为齿根圆角曲率半径。

做一做

根据上述内容，对任务 3.3 中的直齿圆柱齿轮进行受力分析和强度计算。

六、计算直齿圆柱齿轮各部分尺寸

标准直齿圆柱齿轮的基本参数 z、m、α 确定之后，齿轮各部分的尺寸可按表 3-3-11 中的公式计算。

表 3-3-11　外啮合标准圆柱齿轮几何尺寸计算公式

基本参数：模数 m、齿数 z、压力角 20°		
各部分名称	代　号	计算公式
分度圆直径	d	$d=mz$
齿顶高	h_a	$h_a=m$
齿根高	h_f	$h_f=1.25m$
齿顶圆直径	d_a	$d_a=m(z+2)$
齿根圆直径	d_f	$d_f=m(z-2.5)$
齿距	p	$p=\pi m$
分度圆齿厚	s	$s=\frac{1}{2}\pi m$
中心距	a	$\alpha=\frac{1}{2}(d_1+d_2)=\frac{1}{2}m(z_1+z_2)$

笔记

做一做

根据设计选定的参数，进行齿轮几何尺寸的计算。

七、直齿圆柱齿轮结构设计

齿轮的结构设计主要包括选择合理适用的结构形式，依据经验公式确定齿轮的轮毂、轮辐、轮缘等各部分的尺寸及绘制齿轮的零件工作图等。

常用的齿轮结构有以下几种。

1. 齿轮轴

当圆柱齿轮的齿根圆至键槽底部的距离 x 取（2～2.5）m_n，或当锥齿轮小端的齿根圆至键槽底部的距离 x 取（1.6～2）m 时，应将齿轮与轴制成一体，称为齿轮轴，如图 3–3–5 所示。

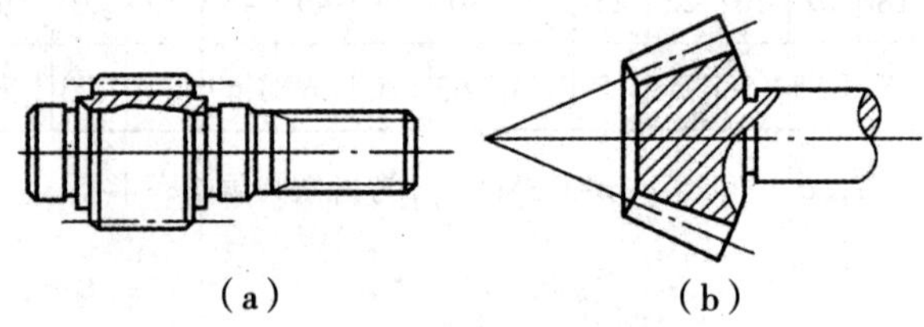

图 3–3–5 齿轮轴

2. 实体式齿轮

当齿轮的齿顶圆直径 $d_a \leqslant 200$mm 时，可采用实体式结构，如图 3–3–6 所示。这种结构形式的齿轮常用锻钢制造。

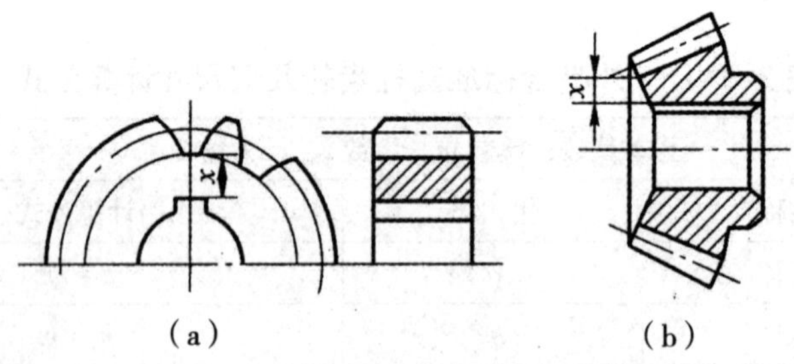

图 3–3–6 实体式齿轮

3. 腹板式齿轮

当齿轮的齿顶圆直径 d_a 为 200～500mm 时，可采用腹板式结构，如图 3–3–7 所示。这种结构的齿轮一般多用锻钢制造，其各部分尺寸由图中经验公式确定。

笔记

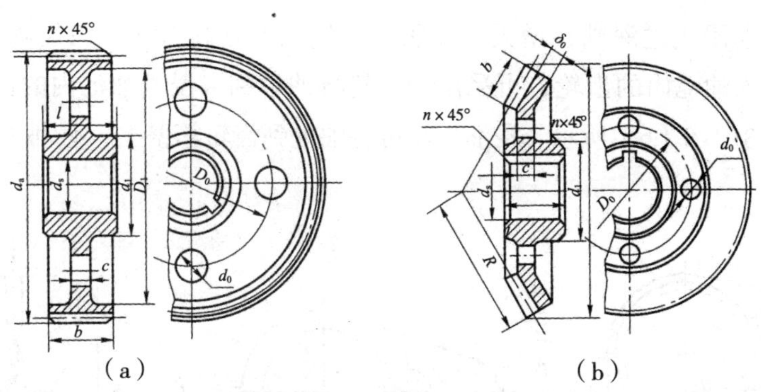

图 3-3-7　齿轮腹板式圆柱、锥齿轮

4. 轮辐式齿轮

当齿轮的齿顶圆直径 $d_a > 500$mm 时，可采用轮辐式结构，如图 3-3-8 所示。这种结构的齿轮常采用铸钢或铸铁制造。

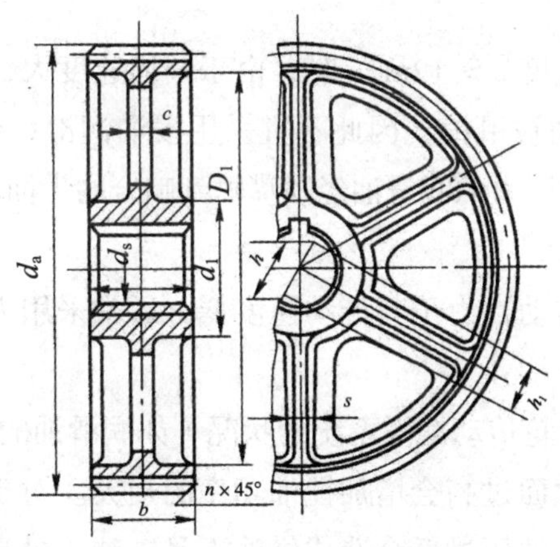

图 3-3-8　铸造轮辐式圆柱齿轮

八、齿轮润滑方式的选择

润滑对于齿轮传动十分重要。润滑不仅可以减小摩擦、减轻磨损，还可以起到冷却、防锈、降低噪声、改善齿轮的工作状况、延缓齿轮失效和延长齿轮的使用寿命等作用。

（一）润滑方式

闭式齿轮传动的润滑方式有浸油润滑和喷油润滑两种，一般根据齿轮的圆周速度确定采用哪一种方式。

1. 浸油润滑

当齿轮的圆周速度 $v < 12$m/s 时，通常将大齿轮浸入油池中进行润滑，如图 3-3-9（a）所示。齿轮浸入油池中的深度至少为 10mm，转速低时可浸

笔记

深一些，但浸入过深则会增大运动阻力并使油温升高。在多级齿轮传动中，对于未浸入油池内的齿轮，可采用带油轮将油带到未浸入油池内的齿轮齿面上，如图 3-3-9（b）所示。浸油齿轮可将油甩到齿轮箱壁上，有利于散热。

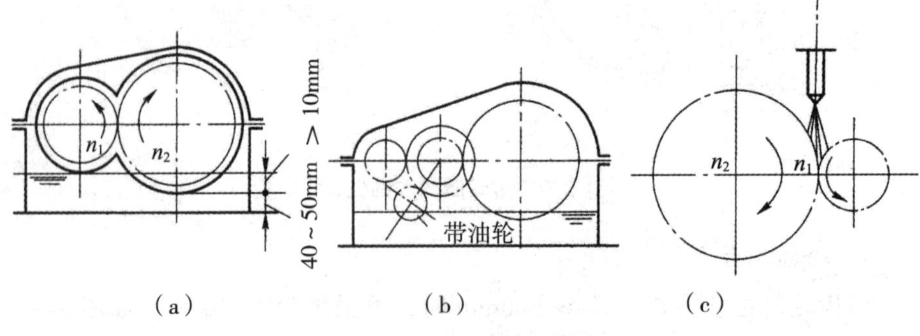

图 3-3-9　齿轮润滑

2. 喷油润滑

当齿轮的圆周速度 $v > 12\text{m/s}$ 时，由于圆周速度大，齿轮搅油剧烈，且黏附在齿廓面上的油被甩掉，因此不宜采用浸油润滑，而应采用喷油润滑。即用油泵将具有一定压力的润滑油经喷嘴喷到啮合的齿面上，如图 3-3-9（c）所示。

对于开式齿轮传动，由于其传动速度低，通常采用人工定期加油润滑的方式。

必须经常检查齿轮传动润滑系统的状况（如润滑油的油面高度等）。油面过低则润滑不良，油面过高会增加搅油功率的损失。对于压力喷油润滑系统还需检查油压状况，油压过低会造成供油不足，油压过高则可能是因为油路不畅通所致，需及时调整油压。

（二）齿轮传动的效率

齿轮传动中的功率损失，主要包括啮合中的摩擦损失、轴承中的摩擦损失和搅动润滑油的功率损失。进行有关齿轮计算时通常使用的是齿轮传动的平均效率。

当齿轮轴上装有滚动轴承，并在满载状态下运转时，传动的平均效率 η 列于表 3-3-12 中，供设计传动系统时参考。

表 3-3-12　装有滚动轴承的齿轮传动的平均效率

传动形式	圆柱齿轮传动	锥齿轮传动
6 级或 7 级精度的闭式传动	0.98	0.97
8 级精度的闭式传动	0.97	0.96
开式传动	0.95	0.94

笔记

做一做

（1）同学们分小组按照上述设计步骤，对减速器中的齿轮传动设计参数进行汇总。

（2）绘制齿轮的结构图，填写技术要求，检查并签名。

（3）对减速器中齿轮传动采用的润滑方式进行分析和选择。

新视野

虚拟仿真设计技术

虚拟仿真设计技术是以计算机为工具，建立实际或联想的系统模型，并在不同条件下，对模型进行动态运行（实验）的一门综合性技术。近年来不断涌现和迅速发展的高新技术，如计算机仿真建模、CAD/CAM及先期技术演示验证、可视化计算、遥控机器和计算机艺术等，都有一个共同的需求，就是建立一个比现有计算机系统更为真实方便的输入输出系统，使其能与各种传感器相连，组成更为友好的人机界面的多维化信息环境。这个环境就是计算机虚拟现实系统（VRS），在这个环境中从事设计的技术即称为虚拟设计（virtual design，VD）。

虚拟仿真设计系统都包括两部分：一是虚拟环境生成器，这是虚拟设计系统的主体；二是外围设备（人机交互工具以及数据传输、信号控制装备）。虚拟环境生成器是虚拟设计系统的核心部分，它可以根据任务的性能和用户的要求，在工具软件和数据库的支持下产生任务所需的、多维的、适人化的情景和实例。它由计算机基本软硬件、软件开发工具和其他设备组成，实际上就是一个包括各种数据库的高性能的图形工作站。虚拟设计系统的交互技术是虚拟设计优势的体现。

虚拟技术应用到工业设计中的途径有：产品的外形设计，产品的布局设计，产品的运动和动力学仿真，产品的广告与漫游。

虚拟技术应用到产品设计中的作用有：提高设计直观性和真实性；缩短设计流程，提高设计效率；降低设计成本，提高产品竞争力。

巩固与拓展

一、知识巩固

对照本任务知识脉络图，梳理自己所掌握的知识体系，并与同学相互交流、研讨个人对某些知识点或技能技巧的理解。

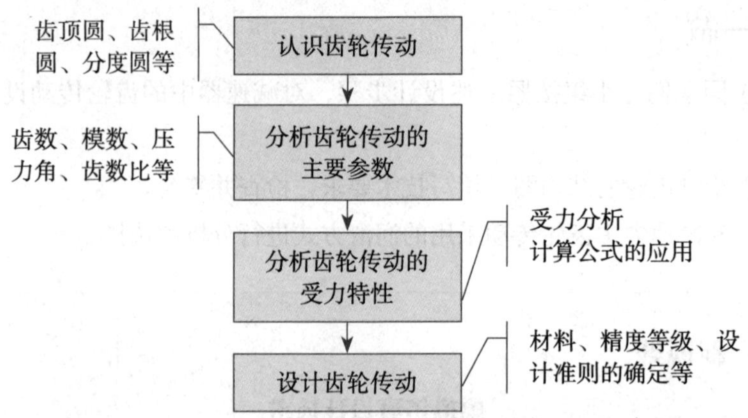

完成《自主学习手册》单元三 任务3.3 任务拓展。

二、拓展任务

（1）根据任务的工作步骤及方法，利用所学知识，完成自主学习手册中的拓展任务。

（2）查阅机械设计手册或资料，了解锥齿轮传动设计的相关知识。

笔记

任务 3.4 蜗杆传动设计

任务目标

通过学习本任务，学生应达到以下目标：

□ 了解蜗杆传动的类型和特点；

□ 掌握蜗杆传动的基本参数和几何尺寸计算；

□ 熟悉蜗杆传动的设计准则及设计过程；

□ 了解蜗杆传动的效率和热平衡计算。

网站

观看教材网站：单元三任务 3.4 教学视频。

任务描述

● 任务内容

如图 3–4–1 所示，试设计一带式输送机用的闭式蜗杆减速器中的普通圆柱蜗杆传动。已知：电动机功率 $P_1 = 5.5\text{kW}$，蜗杆转速 $n_1 = 960\text{r/min}$，传动比 $i = 21$，单向回转，工作载荷较稳定，但有不大的冲击。

图 3–4–1　蜗杆传动

● 实施条件

□ 计算器、机械设计手册等。

□ 带式输送机动态演示，图片和三维模型。

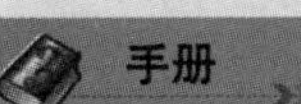

手册

完成《自主学习手册》单元三任务 3.4 学习导引。

程序与方法

网站

观看教材网站：单元三任务 3.4 教学动画。

步骤一　认识蜗杆传动

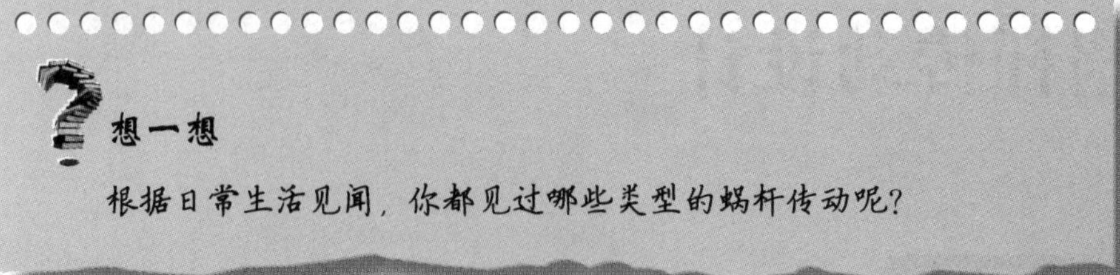

相关知识

蜗杆传动是在空间交错的两轴间传递运动和动力的一种传动机构。两轴线交错的夹角可为任意角，常用的为 90°。

一、蜗杆传动的特点

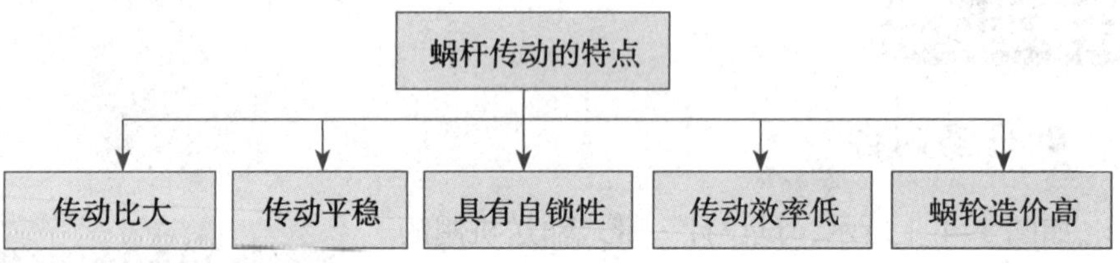

网络空间

参考教学资源单元三任务 3.4 助学课件。

二、蜗杆传动的类型

蜗杆传动的主要类型如表 3-4-1 所示。

表 3-4-1　蜗杆传动的主要类型

分类依据	蜗杆传动类型	图　例	说　明
按蜗杆形状	圆柱蜗杆传动		应用最为广泛，分为普通圆柱蜗杆传动和圆弧齿圆柱蜗杆传动

续表

分类依据	蜗杆传动类型	图例	说明
按蜗杆形状	环面蜗杆传动		其主要特征是蜗杆包围蜗轮，蜗杆体是一个由凹圆弧为母线所形成的回转体
	锥蜗杆传动		蜗杆是由在节锥上分布的等导程的螺旋所形成，而蜗轮在外观上就像一个曲线锥齿轮
按垂直于轴线的横截面上蜗杆的齿廓曲线形状	阿基米德蜗杆（ZA型）		应用较广；其端面齿廓为阿基米德螺旋线，轴向齿廓为直线；较易车削，但难以磨削，不易得到较高精度
	渐开线蜗杆（ZI型）		其端面齿廓为渐开线；可以用滚刀加工，并在专用机床上磨削，制造精度较高，便于成批生产
	法向直廓蜗杆（ZN型）		其端面齿廓为延伸渐开线，法面 N–N 齿廓为直线；车削简单，可用砂轮磨削
按螺旋方向	左旋、右旋	与螺纹旋向相似（图略）	一般为右旋
按头数	单头、多头	与螺纹线数相似（图略）	一般为单头

想一想

请同学们思考，学习任务中蜗杆传动的类型该如何选择？

步骤二　分析蜗杆传动的主要参数

相关知识

一、确定蜗杆头数 z_1 和蜗轮齿数 z_2

蜗杆头数 z_1 即蜗杆螺旋线的数目，z_1 一般取 1、2、4。当传动比大于 40 或要求蜗杆自锁时，取 $z_1 = 1$；当传递功率较大时，为提高传动效率、减少能量损失，常取 z_1 为 2、4。蜗杆头数越多，加工精度越难保证。

通常情况下蜗轮的齿数 $z_2 = 28 \sim 80$。若 $z_2 < 28$，会降低传动平稳性，且易产生根切；若 z_2 过大，蜗轮直径增大，与之相应蜗杆的长度增加，刚度减小，从而影响啮合的精度。

通常蜗杆为主动件，蜗杆传动的传动比 i 等于蜗杆与蜗轮的转速比。当蜗杆转一周时，蜗轮转过 z_1 个齿。故传动比为

$$i = \frac{n_1}{n_2} = \frac{1}{z_1 / z_2} = \frac{z_2}{z_1} \tag{3-4-1}$$

网站

观看教材网站：单元三任务 3.4 教学动画。

式中，n_1、n_2 分别为蜗杆、蜗轮的转速（r/min）。

由传动比 $i = 21$，查表 3-4-2 选取 z_1、z_2。

表 3-4-2　蜗杆头数 z_1、蜗轮齿数 z_2 推荐值

（MPa）

传动比 $i = \frac{z_2}{z_1}$	7～13	14～27	28～40	> 40
蜗杆头数 z_1	4	2	2、1	1
蜗轮齿数 z_2	28～52	28～54	28～80	> 40

蜗杆传动的传动比 i 仅与 z_1 和 z_2 有关，而不等于蜗轮与蜗杆分度圆直径之比，即 $i = z_2 / z_1 \neq d_2 / d_1$。

二、确定模数 m 和蜗杆分度圆直径 d_1

查表 3-4-3 确定模数 m、蜗杆分度圆直径 d_1、直径系数 q 等相关参数。

笔记

表 3-4-3 蜗杆基本参数（Σ = 90°）（GB 10085—88）

模数 m/mm	分度圆直径 d_1/mm	蜗杆头数 z_1	直径系数 q	$m^2 d_1$
1	18	1	18.000	18
1.25	20	1	16.000	31.25
	22.4	1	17.920	35
1.6	20	1,2,4	12.500	51.2
	28	1	17.500	71.68
2	（18）	1,2,4	9.000	72
	22.4	1,2,4,6	11.200	89.6
	（28）	1,2,4	14.000	112
	35.5	1	17.750	142
2.5	（22.4）	1,2,4	8.960	140
	28	1,2,4,6	11.200	175
	（35.5）	1,2,4	14.200	221.9
	45	1	18.000	281
3.15	（28）	1,2,4	8.889	278
	35.5	1,2,4,6	11.27	352
	45	1,2,4	14.286	447.5
	56	1	17.778	556
4	（31.5）	1,2,4	7.875	504
	40	1,2,4,6	10.000	640
	（50）	1,2,4	12.500	800
	71	1	17.750	1136
5	（40）	1,2,4	8.000	1000
	50	1,2,4,6	10.000	1250
	（63）	1,2,4	12.600	1575
	90	1	18.000	2250
6.3	50	1,2,4	7.936	1985
	63	1,2,4,6	10.000	2500

模数 w/mm	分度圆直径 d_1/mm	蜗杆头数 z_1	直径系数 q	$m^2 d_1$
6.3	（80）	1,2,4	12.698	3175
	112	1	17.778	4445
8	（63）	1,2,4	7.875	4032
	80	1,2,4,6	10.000	5376
	（100）	1,2,4	12.500	6400
	140	1	17.500	8960
10	（71）	1,2,4	7.100	7100
	90	1,2,4,6	9.000	9000
	（112）	1,2,4	11.200	11200
	160	1	16.000	16000
12.5	（90）	1,2,4	7.200	14062
	112	1,2,4	8.960	17500
	（140）	1,2,4	11.200	21875
	200	1	16.000	31250
16	（112）	1,2,4	7.000	28672
	140	1,2,4	8.750	35840
	（180）	1,2,4	11.250	46080
	250	1	15.625	64000
20	（140）	1,2,4	7.000	56000
	160	1,2,4	8.000	64000
	（224）	1,2,4	11.200	89600
	315	1	15.750	126000
25	（180）	1,2,4	7.200	112500
	200	1,2,4	8.000	125000
	（280）	1,2,4	11.200	175000
	400	1	16.000	250000

注：1．表中模数均系第一系列，$m < 1$mm 的未列入，$m > 25$mm 的还有 31.5mm、40mm 两种。属于第二系列的模数有 1.5mm、3mm、3.5mm、4.5mm、5.5mm、6mm、7mm、12mm、14mm。

2．表中蜗杆分度圆直径 d_1 均属第一系列，$d_1 < 18$mm 的未列入，此外还有 355mm。属于第二系列的有：30mm、38mm、48mm、53mm、60mm、67mm、75mm、85mm、95mm、106mm、118mm、132mm、144mm、170mm、190mm、300mm。

3．模数和分度圆直径均应优先选用第一系列。括号中的数字尽量不采用。

笔记

做一做

计算学习任务中蜗杆传动模数、蜗杆分度圆直径。

三、确定中心距 a

蜗杆传动中心距 $a=0.5(d_1+d_2)$。蜗轮分度圆直径计算与齿轮相同，下面介绍蜗杆分度圆的计算。

1. 蜗杆螺旋线升角 λ

蜗杆螺旋面与分度圆柱面的交线为螺旋线。如图 3–4–2 所示，将蜗杆分度圆柱展开，其螺旋线与端面的夹角即为蜗杆分度圆柱上的螺旋线升角 λ，或称为导程角。由图可得蜗杆螺旋线的导程为

$$L = z_1P_1 = z_1\pi m \tag{3-4-2}$$

蜗杆分度圆柱上螺旋线升角 λ 与导程的关系为

$$\tan\lambda = \frac{L}{\pi d_1} = \frac{z_1\pi m}{\pi d_1} = \frac{z_1 m}{d_1} \tag{3-4-3}$$

网络空间

参考教学资源单元三任务 3.4 教学录像。

与螺纹相似，蜗杆螺旋线也有左旋、右旋之分，一般情况下多为右旋。旋向的判别方法和螺纹的判别方法相同。

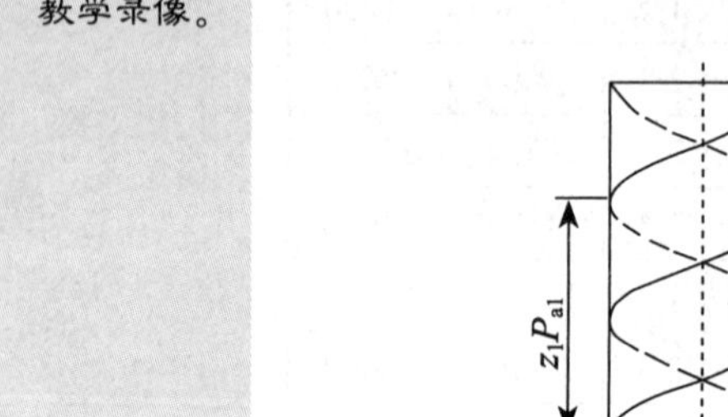

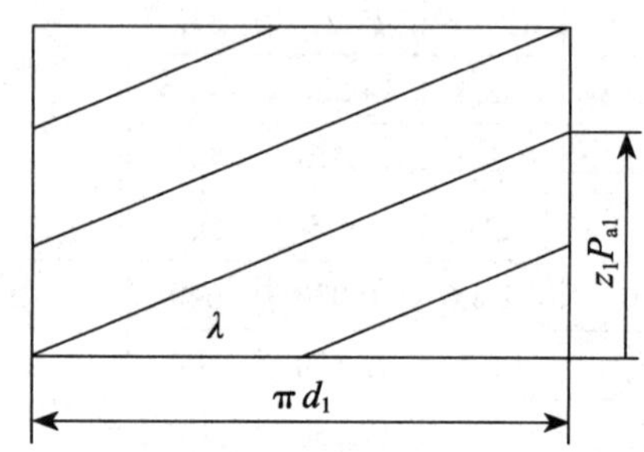

图 3–4–2　蜗杆分度圆柱展开

通常蜗杆螺旋线的升角 λ 为 3.5° ~ 27°，升角小时传动效率低，但可实现自锁（λ 为 3.5° ~ 4.5°）；升角大时传动效率高，但蜗杆加工困难。

2. 蜗杆分度圆直径 d_1

加工蜗轮时，为了保证蜗杆与配对蜗轮的正确啮合，所用加工蜗轮滚刀的尺寸应与相啮合蜗杆的尺寸基本相同。由式（3–4–3），蜗杆的分度圆直径可写为

$$d_1 = m\frac{z_1}{\tan\lambda} \tag{3-4-4}$$

则蜗杆的分度圆直径 d_1 不仅与模数 m 有关，而且与 z_1 和 λ 有关。同一模数的蜗杆，为使刀具标准化，蜗杆分度圆直径 d_1 必须采用标准值。将 d_1 与 m

笔记

的比值称为蜗杆直径系数 q。即

$$d_1 = qm \qquad (3\text{-}4\text{-}5)$$

式中，d_1、m 已标准化；q 值可查阅标准。

做一做

计算学习任务中蜗杆传动的中心距。

四、蜗杆、蜗轮主要参数与几何尺寸计算

普通蜗杆传动的部分几何尺寸计算如表 3-4-4 所示。

表 3-4-4　普通圆柱蜗杆传动的几何尺寸计算

名　称	计算公式	
	蜗　杆	蜗　轮
齿顶高	$h_{a1}=m$	$h_{a2}=m$
齿根高	$h_{f1}=1.2m$	$h_{f2}=1.2m$
分度圆直径	$d_1=mq$	$d_2=mz_2$
齿根圆直径	$h_{f1}=m(q-2.4)$	$h_{f2}=m(z_2-2.4)$
齿顶圆直径	$d_{a1}=m(q+2)$	$d_{a2}=m(z_2+2)$
顶隙	$c=0.2m$	
蜗杆轴向齿距 蜗轮端面齿距	$p_{a1}=p_{t2}=\pi m$	
蜗杆的螺旋线升角	$\lambda=\arctan\dfrac{z_1}{q}$	
蜗轮的螺旋角		$\beta=\lambda$
中心距	$a=\dfrac{m}{2}(q+z_2)$	

想一想

结合任务 3.3 齿轮传动的啮合条件，分析蜗杆传动的正确啮合条件是什么。

笔记

做一做

计算学习任务中蜗杆传动的相关几何尺寸。

步骤三　分析蜗杆传动的受力特性

相关知识

一、确定许用接触应力［σ_H］

若蜗轮齿圈是用锡青铜制造的，蜗轮的损坏形式主要是疲劳点蚀，其许用应力列于表 3-4-5 中。若蜗轮用无锡青铜或铸铁制造，蜗轮的损坏形式主要是胶合。这时接触强度计算是条件性计算，故许用应力应根据材料组合和滑动速度来确定。表 3-4-5 所示的许用接触应力根据抗胶合条件拟定。滑动速度可以初步估计。

表 3-4-5　锡青铜蜗轮的许用接触应力［σ_H］

（MPa）

蜗轮材料	铸造方法	适用的滑动速度 v_S/（m/s）	蜗杆齿面硬度	
			HBS ≤ 350	HRC ＞ 45
10-1 锡青铜	砂型	≤ 12	180	200
	金属型	≤ 25	200	220
5-5-5 锡青铜	砂型	≤ 10	110	125
	金属型	≤ 12	135	150

表 3-4-6　铝青铜及铸铁蜗轮的许用接触应力［σ_H］

（MPa）

蜗轮材料	蜗杆材料	滑动速度 v_S/（m/s）						
		0.5	1	2	3	4	6	8
10-3 铝青铜	淬火钢 [1]	250	230	210	180	160	120	90
HT150、HT200	渗碳钢	130	115	90	—	—	—	—
HT150	调质钢	110	90	70	—	—	—	—

注：蜗杆未经淬火时，需将表中［σ_H］值降低 20%。

网站

观看教材网站：单元三任务 3.4 教学动画。

二、确定载荷系数 K 和蜗轮扭矩 T_2

考虑载荷集中和动载荷的影响，可取 $K = 1.1 \sim 1.3$。

分析蜗杆传动作用力时，可先根据蜗杆的螺旋线旋向和蜗杆的旋转方向，采用左右手定则，判定蜗轮的旋转方向，具体方法为：蜗杆右旋时用右手，左旋时用左手。半握拳，四指指向蜗杆回转方向，蜗轮的回转方向与大拇指指向相反。

笔记

蜗杆和蜗轮的旋向及旋转方向确定后，就可以对蜗杆传动进行受力分析。

蜗杆传动的受力分析和斜齿轮相似。图 3–4–3 所示为下置蜗杆传动，蜗杆为主动件，旋向为右旋，按图示方向转动。图 3–4–3（a）所示为右侧面受力情况；图 3–4–3（b）所示为蜗杆、蜗轮受力情况及转向。

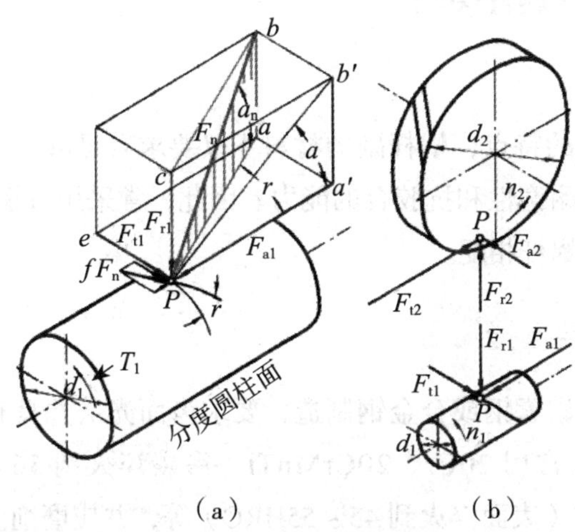

图 3–4–3　蜗杆传动的作用力

如图 3–4–3 所示，齿面上的法向力 F_n 分解为三个相互垂直的分力：圆周力 F_t、轴向力 F_a 和径向力 F_r。当蜗杆和蜗轮轴交错角呈 90° 时，蜗杆圆周力 F_{t1} 等于蜗轮轴向力 F_{a2}，蜗杆轴向力 F_{a1} 等于蜗轮圆周力 F_{t2}，蜗杆径向力 F_{r1} 等于蜗轮径向力 F_{r2}。即

$$\left.\begin{aligned} F_{t1} &= -F_{a2} = \frac{2T_1}{d_1} \\ F_{a1} &= -F_{t2} = \frac{2T_2}{d_2} \\ F_{r1} &= -F_{r2} = F_{t2}\tan\alpha \end{aligned}\right\} \tag{3-4-6}$$

式中，T_1、T_2 分别为蜗杆和蜗轮上的转矩（N·mm）；α 为压力角，$\alpha = 20°$。

蜗杆与蜗轮受力方向的判别方法为：当蜗杆为主动件时，圆周力 F_{t1} 与转向相反；径向力 F_{r1} 的方向由啮合点指向蜗杆中心；轴向力 F_{a1} 的方向取决于蜗轮圆周力的方向，而蜗轮圆周力的方向与其旋转方向相同。受力方向的判定如图 3–4–3 所示。

蜗轮扭矩计算公式为

$$T_2 = \frac{9.55\times10^6\ P_2}{n_2} = \frac{9.55\times10^6\ P_1\eta}{n_1/i} = \frac{9.55\times10^6\ P_1 i\eta}{n_1}$$

式中，T_2 单位为 N·mm；η 为蜗杆传动效率，可初步估算。

笔记

做一做

选择蜗杆传动效率 η，计算学习任务中蜗轮的扭矩 T_2。

步骤四　设计蜗杆传动

相关知识

由于蜗杆传动的特点，蜗杆副的材料不仅要求有足够的强度，更要有良好的跑合性、减磨耐磨性和抗胶合的能力。因此，常采用青铜做蜗轮的齿圈，与淬硬磨削的钢制蜗杆相配。

一、蜗杆材料选择

蜗杆一般采用碳素钢或合金钢制造，要求齿面光洁并具有较高硬度。对于高速重载的蜗杆常用 20Cr、20CrMnTi（渗碳淬火到 56 ~ 62HRC）；或 40Cr、42SiMn，45（表面淬火到 45 ~ 55HRC）等，并应磨削。一般蜗杆可采用 45、40 等碳素钢调质处理（硬度为 220 ~ 250HBS），在低速或人力传动中，蜗杆可不经热处理，甚至可采用铸铁。

二、蜗轮材料选择

在重要的高速蜗杆传动中，蜗轮常用锡青铜（ZCuSn10P1）制造，它的抗胶合和耐磨性能好，允许的滑动速度可达 25m/s；易于切削加工，但价格高。在滑动速度 $v_s < 12$m/s 的蜗杆传动中，可采用含锡量低的锡青铜（ZCuSn5Pb5Zn5）。铝青铜（ZCuAl10Fe3）有足够的强度，铸造性能好、耐冲击、廉价，但切削性能差、抗胶合性能不如锡青铜，一般用于 $v_s < 6$m/s 的传动。在速度较低，如 $v_s < 2$m/s 的传动中，可用球墨铸铁或灰铸铁。蜗轮也可用尼龙或增强尼龙材料制成。

网站

观看教材网站：单元三任务 3.4 教学动画。

做一做

分析任务 3.4 中蜗杆和蜗轮的选材，学生分组陈述不同材料的性能。

三、蜗杆传动设计

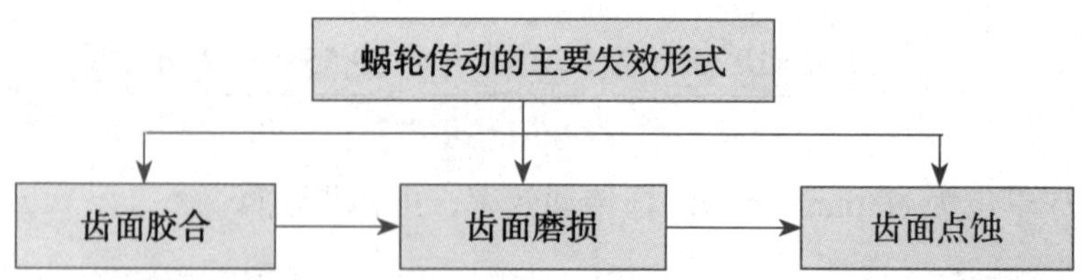

设计准则：对于闭式蜗杆传动，通常按齿面接触疲劳强度来设计，并校核齿根弯曲疲劳强度。如果载荷平稳、无冲击，可以只按齿面接触疲劳强度设计，不必校核齿根弯曲疲劳强度。

按齿面接触疲劳强度设计公式为

$$m^2 d_1 \geqslant \left(\frac{500}{z_2[\sigma_H]}\right)^2 KT_2 \tag{3-4-7}$$

四、校核齿根弯曲疲劳强度

实践证明，蜗轮轮齿因弯曲疲劳强度不足而引起失效的情况较少，因此，针对本任务，该步骤可以不用进行。

五、验算蜗杆传动效率

1. 计算齿面滑动速度 v_s

蜗杆传动即使在节点 P 处啮合，齿廓之间也有较大的相对滑动。滑动速度 v_s 沿着蜗杆螺旋线的切线方向。设蜗杆圆周速度为 v_1、蜗轮的圆周速度为 v_2，由图 3-4-4 可得

$$v_s = \sqrt{v_1^2 + v_2^2} = \frac{v_1}{\cos\lambda} = \frac{\pi d_1 n_1}{60 \times 1000 \cos\lambda} \tag{3-4-8}$$

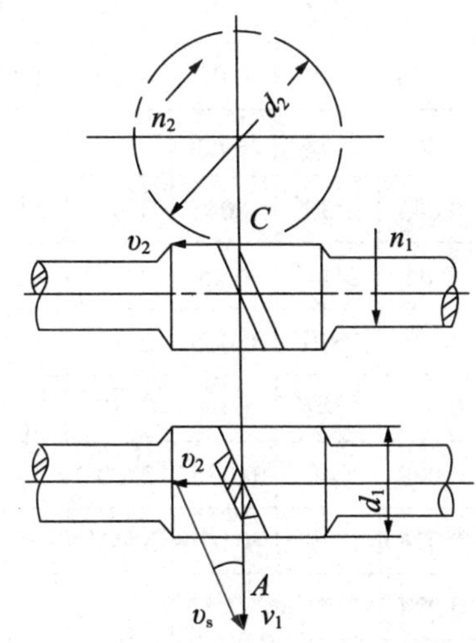

图 3-4-4　蜗杆传动的滑动速度

滑动速度大小对齿面润滑情况、齿面失效形式、发热以及传动效率都有很大影响。

做一做

计算学习任务中蜗杆传动齿面滑动速度，并与前面估算的滑动速度作比较。

笔记

2. 传动效率验算

与齿轮传动类似，闭式蜗杆传动的功率损耗包括三部分：轮齿啮合的功率损耗、轴承摩擦损耗以及搅动箱体内润滑油的油阻损耗。因此，总效率为

$$\eta=\eta_1\eta_2\eta_3$$

由齿面滑动而引起的啮合损耗 η_1 最大，故有 $\eta_2\eta_3=0.95\sim0.97$。

$$\eta=(0.95\sim0.97)\frac{\tan\lambda}{\tan(\lambda+\rho_v)}$$

式中，λ 为蜗杆螺旋升角；ρ_v 为当量摩擦角，$\rho_v=\arctan f_v$，如表 3–4–7 所示。

表 3–4–7　当量摩擦系数和当量摩擦角 ρ_v

蜗轮材料	锡青铜				无锡青铜		灰铸铁			
蜗杆齿面硬度	≥ 45HRC		＜ 45HRC		≥ 45HRC		≥ 45HRC		＜ 45HRC	
滑动速度 v_s/（m/s）	f_v	ρ_v	f_v	ρ_v	f_v	ρ_v	f_v	ρ_v	f_v	ρ_v
0.01	0.11	6°17′	0.12	6°51′	0.18	0°12′	0.18	0°12′	0.19	0°45′
0.10	0.08	4°34′	0.09	5°09′	0.13	7°24′	0.13	7°42′	0.14	7°58′
0.25	0.065	3°43′	0.075	4°17′	0.10	5°43′	0.10	5°43′	0.12	6°51′
0.50	0.055	3°09′	0.065	3°43′	0.09	5°09′	0.09	5°09′	0.10	5°43′
1.00	0.045	2°35′	0.055	3°09′	0.07	4°00′	0.07	4°00′	0.09	5°09′
1.50	0.04	2°17′	0.05	2°52′	0.065	3°43′	0.065	3°43′	0.08	4°34′
2.00	0.035	2°00′	0.045	2°35′	0.055	3°09′	0.055	3°09′	0.07	4°00′
2.50	0.03	1°43′	0.04	2°17′	0.05	2°52′				
3.00	0.028	1°36′	0.035	2°00′	0.045	2°35′				
4.00	0.024	1°22′	0.031	1°47′	0.04	2°17′				
5.00	0.022	1°16′	0.029	1°40′	0.035	2°00′				
8.00	0.018	1°02′	0.026	1°29′	0.03	1°43′				
10.0	0.016	0°55′	0.024	1°22′						
15.0	0.014	0°48′	0.020	1°09′						
24.0	0.013	0°45′								

做一做

计算传动效率，并与原估算值作比较，是否合理。

六、热平衡计算

蜗杆传动由于摩擦损失很大，效率低，所以工作时发热量就很大。在闭式蜗杆传动中，如果产生的热量不能及时散出，将因油温不断升高而使润滑油稀释从而增大摩擦损失，导致齿面磨损加剧，甚至发生胶合。因此，对闭式蜗杆传动要进行热平衡计算，以将油温限制在规定的范围内。

单位时间内由摩擦损耗的功率产生的热量为

$$P_S = 1000P_1(1-\eta) \tag{3-4-9}$$

经箱体表面散发的热量的相当功率为

$$P_C = K_S A(t_1 - t_0) \tag{3-4-10}$$

蜗杆传动的热平衡的条件为$P_S = P_C$，即

$$1000P_1(1-\eta) = K_S A(t_1 - t_0)$$

$$t_1 = \frac{1000P_1(1-\eta)}{K_S A} + t_0 \leqslant [t_1] \tag{3-4-11}$$

式中，P_1为蜗杆的输入功率（kW）；η为蜗杆传动效率；t_0为箱体周围空气温度（℃），常取$t_0 = 20$℃；t_1为当达到热平衡时润滑油的温度（℃）；K_S为表面传热系数［W/（m^2·℃）］，一般K_S取10～17W/（m^2·℃）；A为箱体散热面积（m^2），指内壁被油浸溅，而外壳与空气接触的箱壳外表面积，对于箱体上的散热片及凸缘的表面积可近似按50%计算，设计时，其散热面积可估算$A=0.33(a/100)^{1.75}m^2$，其中a为中心距；$[t_1]$为齿面间润滑油允许的油温（℃），通常t_1取70～90℃。

当工作温度超过允许的范围时可采取相关措施散热，详见自主学习手册。

七、确定精度等级公差和表面粗糙度

考虑到所设计的蜗杆传动是动力传动，属于通用机械减速器，从GB/T 10089—1988的圆柱蜗杆、蜗杆精度中选择8级精度，侧隙种类为f，可以从机械设计手册中查得要求的公差项目及表面粗糙度。

八、绘制蜗杆和蜗轮结构工作图

蜗杆绝大多数和轴制成一体，称为蜗杆轴，如图3-4-5所示。螺旋部分常用车削加工，也可以用铣削加工。车削加工需有退刀槽，因此刚性较差。

笔记

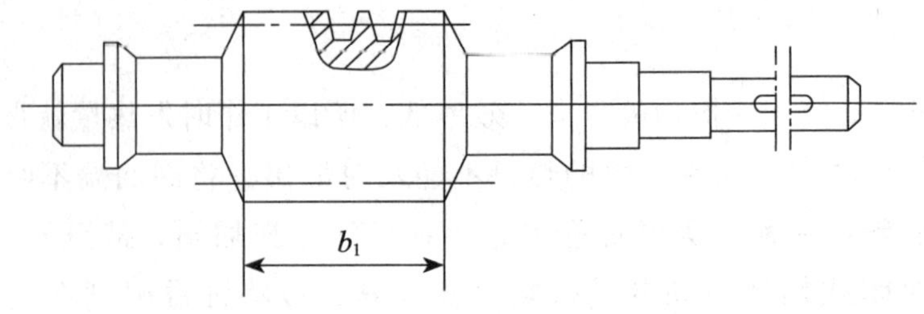

图 3-4-5　蜗杆轴

蜗轮可以制成整体结构［如图 3-4-6（a）所示］。但为了节约贵重的有色金属，对大尺寸的蜗轮通常采用组合式结构，即齿圈用有色金属制造，而轮芯用钢或铸铁制成［如图 3-4-6（b）所示］。采用组合结构时，齿圈和轮芯间可用过盈连接。为工作可靠起见，并沿结合面圆周装上 4 ~ 8 个螺钉。为了便于钻孔，应将螺孔中心线向材料较硬的一边偏移 2 ~ 3mm。这种结构用于尺寸不大而工作温度变化又较小的地方。轮圈与轮芯也可以用铰制孔和螺栓来连接［如图 3-4-6（c）所示］，由于装拆方便，常用于尺寸较大或磨损后需要更换齿圈的场合。对于成批制造的蜗轮，常在铸铁轮芯上浇铸出青铜齿圈［如图 3-4-6（d）所示］。

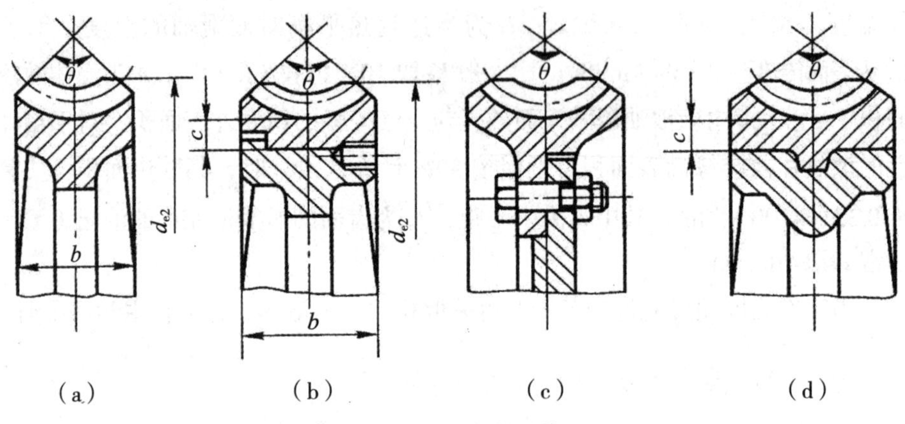

图 3-4-6　蜗轮结构

做一做

（1）同学们分小组，按照上述设计步骤，对减速器中的普通圆柱蜗杆传动设计参数进行汇总。

（2）绘制蜗轮和蜗杆的工作结构图，填写技术要求，检查并签名。

（3）对减速器中齿轮传动采用的润滑方式进行分析和选择。

笔记

新视野

优良性能设计技术

在传统性能设计基础上，提出以提高机械产品综合性能为目的的设计技术，是在对机械及其零件进行材料、结构和尺寸设计的前提下，运用摩擦学及断裂力学等一系列科研成果，从个体设计到系统设计，并从深度和广度上拓展此项设计技术的内涵和外延。其主要内容如下。

可靠性设计和实验技术　该技术是综合众多学科成果以解决产品可靠性为出发点的一门应用工程学科。它研究的是产品和系统的故障原因、消除和预防等问题。

防疲劳断裂设计技术　该技术是研究在交变的外界因素如载荷、电场、温度等作用下，材料和结构在各种工作环境下抗破坏能力的一门学科。

系统动态设计技术　该技术是对结构动态特性，如固有频率、振型、动态响应、运动稳定性等进行分析、评价与设计，以使结构系统在工作过程中受到各种预期可能的瞬变载荷及环境作用时，仍然保持良好的动态性能与工作状态，并具有足够的稳定性。

摩擦学设计技术　该技术是以工程力学、流体力学、流变学、表面物理与表面化学等为主要理论基础，综合利用材料科学和工程热物理等学科的研究成果，以数值计算和表面技术为主要手段的边缘学科。它的基本内容是研究工程表面的摩擦、磨损和润滑问题。

防腐蚀设计技术　其基本内容包括材料的选择及其加工制造工艺的制定，防腐蚀结构设计与强度设计，防腐蚀方法的选择与设计，设备预期寿命概率和可靠性分析等。

巩固与拓展

一、知识巩固

对照本任务知识脉络图，梳理自己所掌握的知识体系，并与同学相互交流、研讨个人对某些知识点或技能技巧的理解。

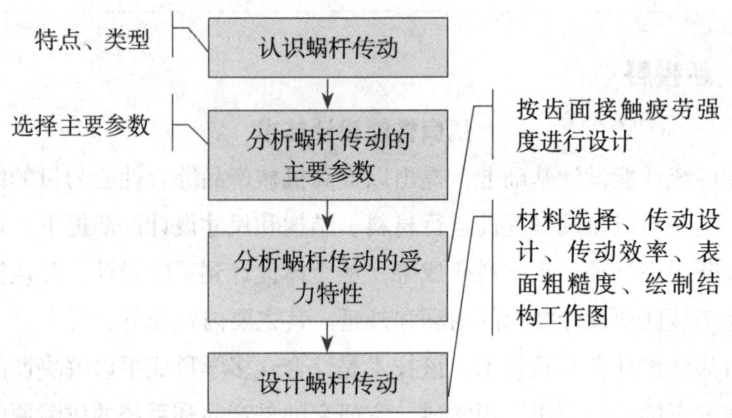

二、拓展任务

学习《自主学习手册》单元三任务3.4 任务拓展。

（1）根据任务3.4的工作步骤及方法，利用所学知识，完成自主学习手册中的拓展任务。

（2）查阅机械制图常用技术要求，谈谈自己对技术要求的理解。

单元四

轴系零部件设计

轴、轴承、联轴器等都是机械传动中通用的零部件，它们是机械传动的核心部件，其工作的好坏直接影响机器能否正常运转和使用寿命，正确选用和设计、计算零部件非常重要。因此，通用轴系零部件的组成、工作原理和设计选用原则是本单元的学习重点。

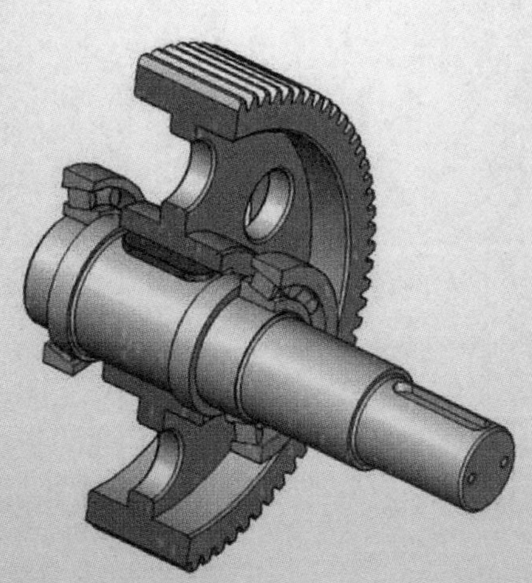

任务 4.1
轴类零件的设计

任务目标

通过学习本任务，学生应达到以下目标：

□ 了解轴类零件的用途和分类；

□ 熟悉轴类零件常用材料；

□ 根据轴类零件结构及技术要求，合理设计轴的结构；

□ 能够合理确定轴类零件的轴向和径向尺寸，设计轴类零件工作图。

网站

观看教材网站：单元四任务 4.1 教学视频。

任务描述

● 任务内容

如图 4-1-1 所示为单级直齿圆柱齿轮减速器，该减速器从动轴的功率 $P = 10\text{kW}$，转速 $n = 202\text{r/min}$，从动齿轮分度圆直径 $d = 60\text{mm}$，轮毂宽度为 48mm，轴承采用轻窄系列深沟球轴承 6211，试分析输出轴的受力情况，设计该轴结构。

手册

完成《自主学习手册》单元四任务 4.1 学习导引。

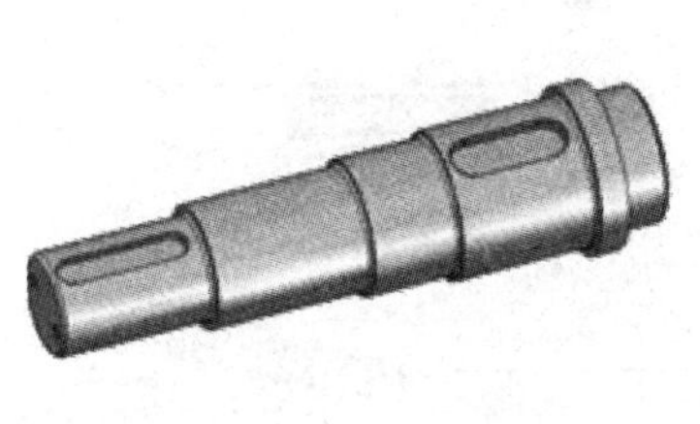

（a）减速器输出轴结构图

（b）减速器结构图

图 4-1-1　减速器输出轴示意

● 实施条件

□ 计算器、机械设计手册等。

□ 减速器三维图。

笔记

程序与方法

步骤一　认识轴类零件

相关知识

一、轴的作用

轴类零件是长度大于直径的回转体类零件的总称，是机器中的主要零件之一，主要用来支承传动件（齿轮、带轮、离合器等）和传递扭矩。轴工作状况的好坏直接影响机器的质量。

二、轴的基本结构

轴类零件一般由同心轴的外圆柱面、圆锥面、内孔和螺纹及相应的端面所组成。根据结构形状的不同，轴类零件可分为光轴、阶梯轴、空心轴和曲轴等。

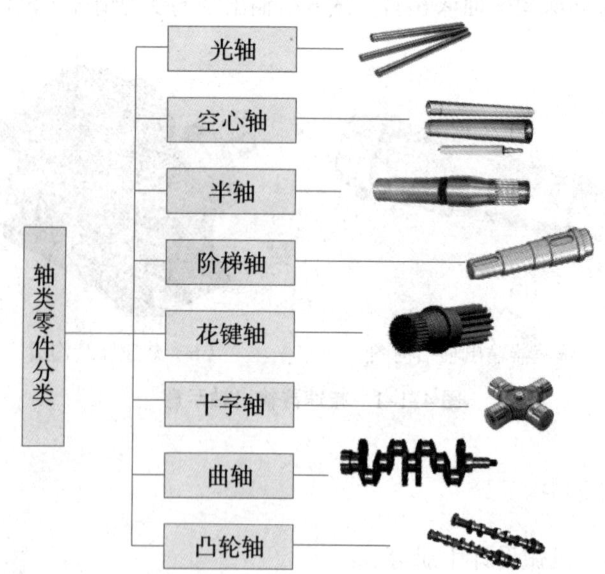

三、直轴类零件的分类

直轴按它们的情况不同可以分为转轴、心轴和传动轴三类，如表 4-1-1 所示。

表 4-1-1 轴的分类（按照承载）

分类	图 例	受载荷特点
转轴	轴端 中轴颈 轴头 轴身 轴头 齿轮减速器中的轴。转轴是机器中最常见的轴，通常简称为轴	工作时既承受弯矩又承受转矩
心轴	转动心轴 固定心轴 前轮轮毂 前叉 自行车的前轴 铁路机车的轮轴	主要用于传递弯矩而不承受转矩，或承受转矩很小的轴
传动轴	汽车传动轴	主要用于传递转矩而不承受弯矩，或承受弯矩很小的轴

做一做

阅读图 4-1-1 所示减速器传动轴零件图，与同学研讨分析该传动轴选用哪种形状最合适。为什么？

网站

观看教材网站：单元四任务 4.1 教学视频。

笔记

步骤二　分析轴的结构

相关知识

轴的结构设计包括定出轴的合理外形（如图 4–1–2 所示）和全部结构尺寸。

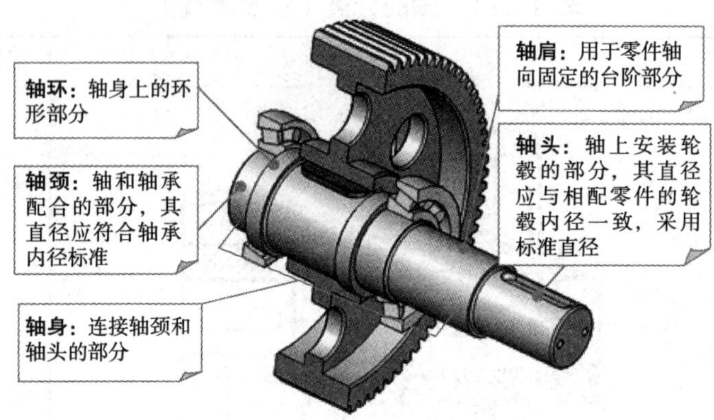

图 4–1–2　**轴类零件的典型结构**

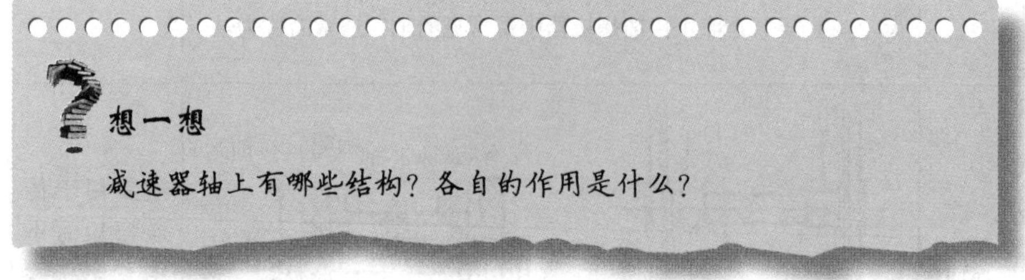

一、拟定轴上零件的装配方案

所谓装配方案，就是预定出轴上主要零件的装配方向、顺序和相互关系。

如图 4–1–3 所示，依次将齿轮、套筒、右端滚动轴承、轴承盖和联轴器从轴的右端装拆，另一轴承从左端装拆。为使轴上零件易于安装，轴端及各轴段的端部都应有倒角。

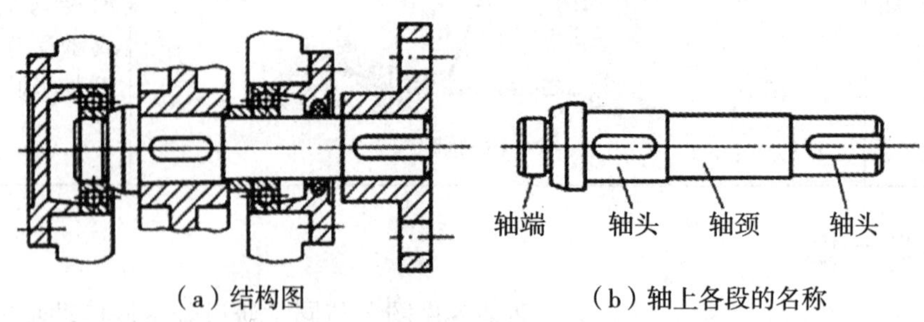

（a）结构图　　（b）轴上各段的名称

图 4–1–3　**轴的结构**

轴上磨削的轴段应有砂轮越程槽［如图 4–1–4（a）所示］，车制螺纹的轴段应有退刀槽［如图 4–1–4（b）所示］。在满足使用要求的情况下，轴的形状和尺寸应力求简单，以便于加工。

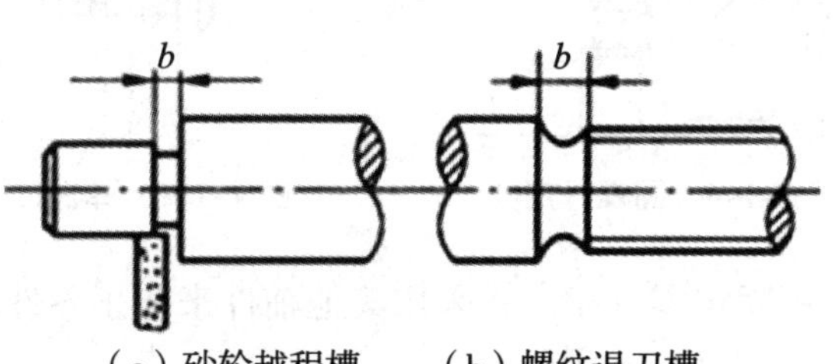

（a）砂轮越程槽　　（b）螺纹退刀槽

图 4–1–4　砂轮越程槽和螺纹退刀槽

二、轴上零件的定位

为了防止轴上零件受力时发生沿轴向或周向的相对运动，轴上零件必须进行轴向和周向的定位与固定。

1. 轴上零件的轴向定位

零件的轴向固定与定位的主要目的为：使零件在轴上有准确的定位和可靠固定，以使其具有确定的安装位置并能承受轴向力而不产生轴向位移。

常用的轴向固定方法有利用轴肩、轴环、圆螺母、套筒及轴端挡圈等来进行轴上定位和固定。轴上定位和固定方法主要取决于轴向力的大小。受轴向力大时，常用轴肩、轴环等方式；受中等轴向力时，可用套筒、圆螺母和轴端挡圈；当受力较小时，可用弹簧挡圈、挡环、紧定螺钉等方式。选择时，还要考虑轴的制造及零件装拆的难易，以及所占位置的大小、对轴强度的影响等因素。

阶梯轴上截面变化处称为轴肩，是由定位面和内圆角组成，如图 4–1–5 所示。为了保证轴上零件的端面能靠近定位面，轴肩的内圆角半径 r 应小于零件上的外圆角半径 R 或倒角 C，R 和 C 的具体尺寸可查有关的机械设计手册。轴肩的高度一般取 $h = R（C）+（0.5 \sim 2）$ mm，轴环的宽度 $b \approx 1.4h$。

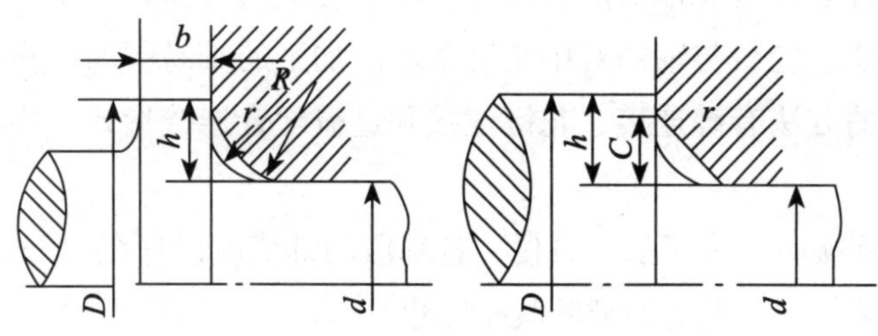

图 4–1–5　轴肩和轴环定位

笔记

网站

观看教材网站：单元四任务 4.1 教学视频。

笔记

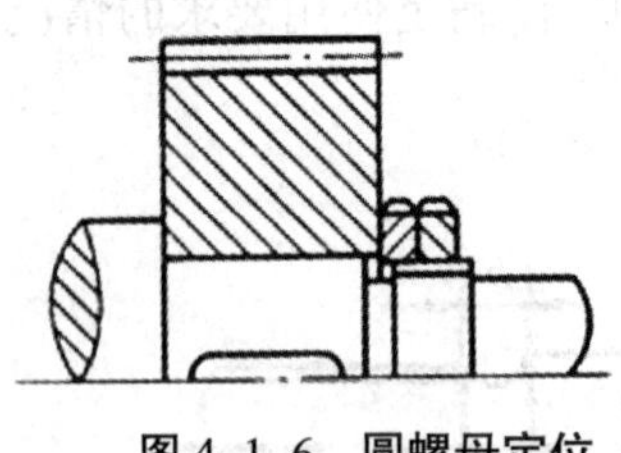

图 4-1-6 圆螺母定位

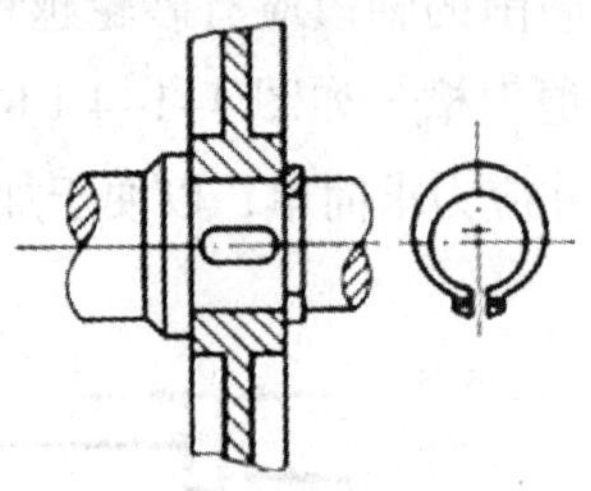

图 4-1-7 弹性挡圈固定

用轴肩或轴环固定零件时，常采用其他辅件来防止零件向另一个方向移动，如图 4-1-6 中采用圆螺母。

采用套筒、圆螺母、轴端挡圈进行轴向固定时，应把装零件的轴段长度做得比零件轮毂短 2 ~ 3mm，以确保套筒、圆螺母或轴端挡圈靠近零件端面。

当轴向力不大而轴上零件间的距离较大时，可采用弹性挡圈固定，如图 4-1-7 所示。当轴向力很小，转速很低或仅为防止零件偶然沿轴向滑动时，可采用紧定螺钉固定，如图 4-1-8 所示。

轴向固定有方向性，是否需在两个方向上均对零件进行固定，应视机器的结构、工作条件而定。

图 4-1-9 所示压板是一种轴端固定装置。除压板外还有很多其他轴端固定形式。

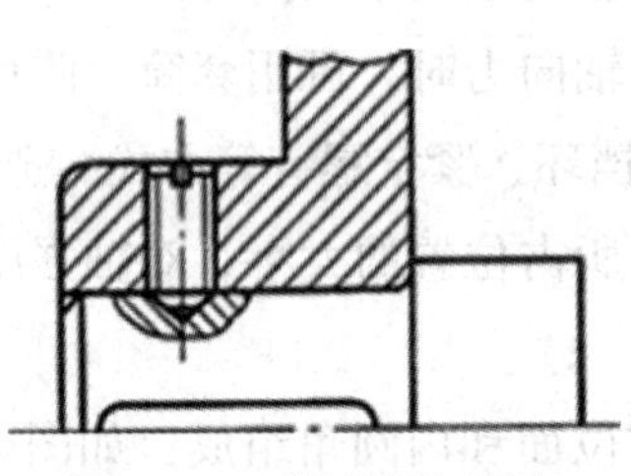

图 4-1-8 紧定螺钉固定

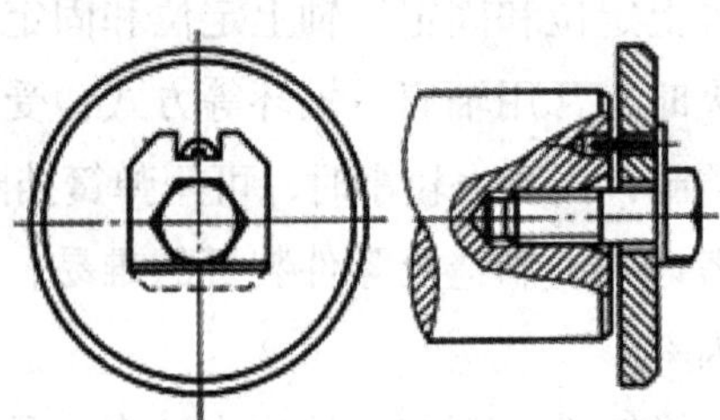

图 4-1-9 压板轴端固定装置

2. 轴上零件的周向固定

零件周向固定的目的是传递运动和转矩，防止轴上零件与轴做相对转动，轴和轴上零件必须可靠地沿周向固定。固定方式的选择，则要根据传递转矩的大小和性质、轮毂与轴的对中精度要求、加工的难易等因素来决定。常用的周向固定的方法有键连接、花键连接和过盈配合连接形式。详细内容见单元五。

采用键连接时，为了加工方便，各轴段的键槽应设计在同一加工直线上，并应尽可能采用同一规格的键槽截面尺寸。

三、轴上零件的受力分析

合理布置轴上的零件可以改善轴的受力状况。如图 4-1-10（a）所示，轴上作用的最大转矩为 T_2+T_3，如把输入轮布置在两输出轮中间［如图 4-1-10（b）所示］，则轴所受的最大转矩将由（T_2+T_3）降低到 T_3。

改进轴上零件的结构也可以减小轴上的载荷。如图 4-1-11（b）所示，卷筒的轮毂很长，如把轮毂分成两段［如图 4-1-11（a）所示］，则减小了轴的弯矩，从而提高了轴的强度和刚度，同时还能得到更好的轴孔配合。

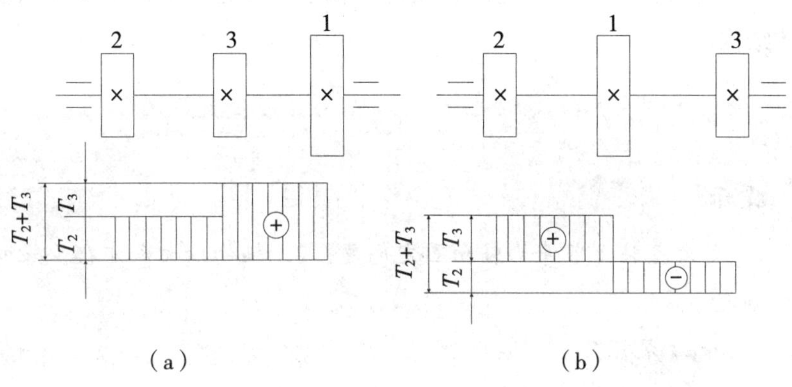

图 4-1-10　轴上零件的合理布置

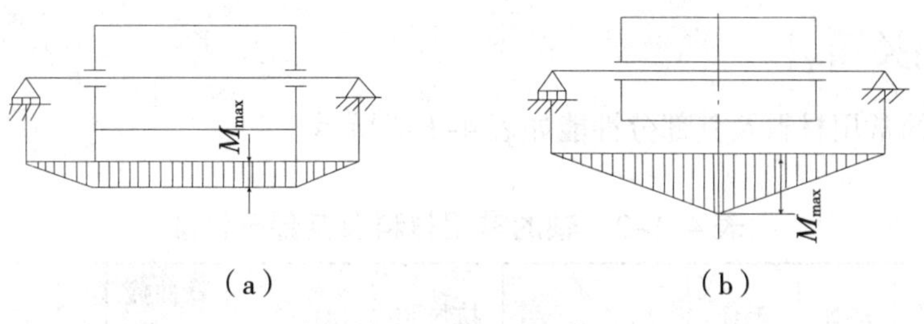

图 4-1-11　卷筒的轮毂结构

改善轴的受力状况的另一重要方面就是减小应力集中，合金钢对应力集中比较敏感，更要加以注意。

零件截面发生突然变化的地方，都会产生应力集中现象。因此，对阶梯轴来说，在截面尺寸变化处应采用圆角过渡，圆角半径不宜过小，并尽量避免在轴上（特别是应力大的部位）开横孔、切口或凹槽。必须开横孔时，孔边要倒圆。在重要的结构中，可采用卸载槽［如图 4-1-12（a）所示］、中间环［如图 4-1-12（b）所示］或凹切圆角［如图 4-1-12（c）所示］增大轴肩圆角半径，以减小局部应力。

笔记

网络空间

参考教学资源单元四任务 4.1 助学课件。

笔记

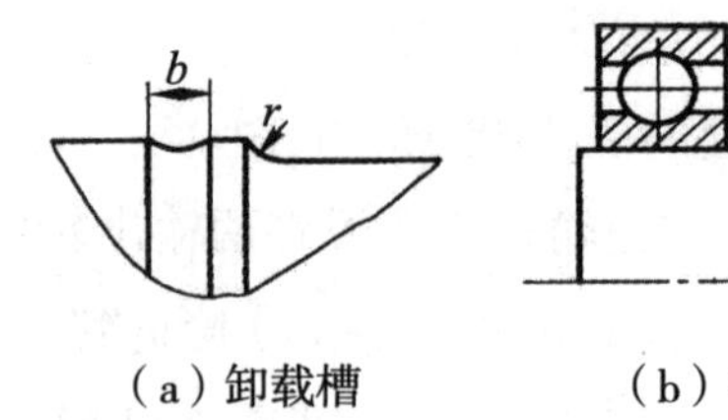

（a）卸载槽　（b）中间环　（c）凹切圆角

图 4-1-12　减载结构

做一做

根据给定轴向尺寸及与之配合零件（轴承、齿轮等）初步设计该输出轴的整体结构。

提示

1. 要考虑轴上零件的轴向固定问题；2. 轴的径向尺寸在步骤四设计确定。

步骤三　分析轴类零件的选材

相关知识

轴的常用材料及其部分性能如表 4-1-2 所示。

表 4-1-2　轴的常用材料及其部分性能

材料牌号	热处理方法	毛坯直径 /mm	硬度 HBS	抗拉强度极限 σ_B/MPa	屈服极限 σ_s/MPa	弯曲疲劳极限 σ_{-1} /MPa	应用说明
Q235A	—	—	—	440	240	200	用于不重要或载荷不大的轴
Q275	—	—	190	520	280	220	
35	正火	—	149～187	520	270	250	用于一般轴
45	正火	≤ 100	170～217	600	300	275	用于较重要的轴，应用最为广泛
45	调质	≤ 200	217～255	650	360	300	
40Cr	调质	≤ 100	241～286	750	550	350	用于载荷较大而无很大冲击的轴

续表

材料牌号	热处理方法	毛坯直径/mm	硬度HBS	抗拉强度极限σ_B/MPa	屈服极限σ_s/MPa	弯曲疲劳极限σ_{-1}/MPa	应用说明
35SiMn 45SiMn	调质	≤ 100	229 ~ 286	800	520	400	性能接近 40Cr，用于中、小型轴
40MnB	调质	≤ 200	241 ~ 286	750	500	335	性能接近 40Cr，用于重要的轴
35CrMo	调质	≤ 100	207 ~ 269	750	550	390	用于重载荷的轴
20Cr	渗碳淬火回火	15	表面硬度 56 ~ 62HRC	850	550	375	用于要求强度、韧性及耐磨性均较好的轴

做一做

请同学们对任务中减速器轴的材料进行选择，并分析其优越性。

步骤四　设计轴类零件

轴类零件的设计包括轴结构的确定及轴强度的校核两方面内容。

轴结构的确定主要包括轴的径向尺寸和长度尺寸的确定，并根据轴上零件的安装、定位以及轴的制造工艺等方面的要求，合理选择轴的结构形式和其他尺寸。

轴进行强度的校核是为了防止轴的断裂或塑性变形。

参考教学资源单元四任务4.1 教学录像。

一、轴的径向尺寸的确定

轴在进行结构设计之前，轴承间的距离尚未确定，还不知道支承反力的作用点，不能确定弯矩的大小及分布情况，所以设计时只能先按转矩或用类比法、经验法来初步估算轴的直径（这样求出的直径，只能作为仅受转矩的那一段轴的最小直径），并以此为基础进行轴的结构设计，定出轴的全部几何尺寸，最后校核轴的强度。

初步计算轴端直径的强度条件为

$$\tau=\frac{T}{0.2d^3}\leqslant[\tau]$$

笔记

$$d \geqslant \sqrt[3]{\frac{T}{0.2[\tau]}}=\sqrt[3]{\frac{9550\times10^3}{0.2[\tau]}}\cdot\sqrt[3]{\frac{P}{n}}=A\sqrt[3]{\frac{P}{n}}\ (\mathrm{mm})$$

式中，T 为工作转矩（N·mm）；P 为轴传递的功率（kW）；n 为轴的转速（r/min）；A 为随材料而定的系数，其值见表，当轴上弯矩较小时，取较小值，反之则取较大值；$[\tau]$ 为考虑弯曲影响后的材料许用扭转剪应力（MPa），其值如表 4–1–3 所示。若计算的截面上有键槽，直径要适当增大。一个键槽时轴径增大 4%～5%，若同一截面上有两个键槽，轴径增大 7%～10%，然后按表 4–1–4 所示圆整至标准直径。

表 4–1–3　常用材料的 $[\tau]$ 和 A 值

轴的材料	Q235，20	35	45	40Cr，35SiMn
$[\tau]$/MPa	12～20	20～30	30～40	40～52
A	160～135	135～118	118～107	107～98

表 4–1–4　轴的标准直径系列

10	11.2	12.5	13.2	14	15	16	17	18	19	20	21.2
22.4	23.6	25	26.5	28	30	31.5	33.5	35.5	37.5	40	42.5
45	47.5	50	53	56	60	63	67	71	75	80	85
90	95	100	106	112	118	125	132	140	150	160	170

提示

1. 最小直径确定后，然后再按照轴上零件的装配方案和定位要求，逐一确定各段轴的直径。

2. 有配合要求的轴段，应尽量采用标准直径。安装标准件部位的轴径，应取相应的标准值及所配合的公差。

二、轴段长度的确定

确定各轴段长度时，应尽可能使结构紧凑，同时还要保证零件所需的装配或调整空间。轴的各段长度主要是根据各零件与轴配合的轴向尺寸和相邻零件间必要的间隙来确定的。为了保证轴上零件定位可靠，与齿轮和联轴器等零件配合部分的轴段长度要比轮毂短 2～3mm。

步骤五　轴的强度校核

当轴的结构设计完成以后，轴上零件的位置均已确定，外载荷和支承反力的作用点也随之确定。这样，就可绘出轴的受力简图、弯矩图、转矩图和当量弯矩图，再按弯扭组合来校核轴的危险截面。

弯扭组合强度计算，一般用第三强度理论，其强度条件为

$$\sigma_e=\frac{M_e}{W}=\frac{\sqrt{M^2+(\alpha T)^2}}{0.1d^3}\leqslant[\sigma_{-1}]_3 \text{或} d\geqslant\sqrt[3]{\frac{M_e}{0.1[\sigma_{-1}]_3}}$$

式中，σ_e 为当量弯曲应力（MPa）；M_e 为当量弯矩（N·mm）；M 为合成弯矩，$M=\sqrt{M_H^2+M_V^2}$（N·mm），其中 M_H 为水平面上的弯矩，M_V 为垂直面上的弯矩；W 为危险截面抗弯截面模量（mm）。对于实心轴段，$W=0.1d^3$（d 为该轴段的直径，mm）（mm^3）。

对于具有一个平键键槽的轴段

$$W=\frac{\pi d^3}{32}-\frac{bt\ (d-t)}{2d}$$

式中，b 为键宽（mm）；t 为键槽深度（mm）。

α 为按转矩性质而定的应力校正系数，即将转矩 T 转化为相当于弯矩的系数。对不变化的转矩 $\alpha=\frac{[\sigma_{+1}]_3}{[\sigma_{-1}]_3}\approx0.3$，对脉动变化的转矩 $\alpha=\frac{[\sigma_{-1}]_3}{[\sigma_0]_3}\approx0.6$，对频繁正反转即对称循环化的转矩 $\alpha=\frac{[\sigma_{-1}]_3}{[\sigma_{-1}]_3}=1$；若转矩变化的规律未知，一般可按脉动循环变化处理（$\alpha=0.6$）。在此 $[\sigma_{-1}]_3$、$[\sigma_0]_3$、$[\sigma_{+1}]_3$ 分别为对称循环、脉动循环、静应力状态下的许用弯曲应力，其值如表 4–1–5 所示。

表 4–1–5　轴的许用弯曲应力　　（MPa）

材　料	σ_b	$[\sigma_{+1b}]$	$[\sigma_{0b}]$	$[\sigma_{-1b}]$
碳素钢	400	130	70	40
	500	170	75	45
	600	200	95	55
	700	230	110	65
合金钢	800	270	130	75
	900	300	140	80
	1000	330	150	90
铸钢	400	100	50	30
	500	120	70	40

对于重要的轴，应按疲劳强度对危险截面的安全系数进行精确验算。对于有刚度要求的轴，在强度计算后，应进行刚度校核。

笔记

做一做

（1）同学们分组，按照上述设计步骤，对减速器中的输出轴设计参数进行汇总。

（2）绘制轴的工作结构图，填写技术要求，检查并签名。

（3）按照选定的参数对该输出轴的强度进行校核。

新视野

智能设计

智能设计是指应用现代信息技术，采用计算机模拟人类的思维活动，提高计算机的智能水平，从而使计算机能够更多、更好地承担设计过程中各种复杂任务，成为设计人员的重要辅助工具。智能设计具有如下特点。

· **以设计方法学为指导**　智能设计的发展，从根本上取决于对设计本质的理解。设计方法学对设计本质、过程设计思维特征及其方法学的深入研究是智能设计模拟人工设计的基本依据。

· **以人工智能技术为实现手段**　借助专家系统技术在知识处理上的强大功能，结合人工神经网络和机器学习技术，较好地支持设计过程自动化。

· **以传统 CAD 技术为数值计算和图形处理工具**　提供对设计对象的优化设计、有限元分析和图形显示输出上的支持。

· **面向集成智能化**　不但支持设计的全过程，而且考虑到与 CAM 的集成，提供统一的数据模型和数据交换接口。

· **提供强大的人机交互功能**　使设计师对智能设计过程的干预，即与人工智能融合成为可能。

计算机集成制造系统（CIMS）

CIMS 是 Computer Integrated Manufacturing Systems 的英文首字母缩写，即计算机集成制造系统。在 CIMS 的环境下，产品设计作为企业生产的关键性环节，其重要性更加突出，为了从根本上强化企业对市场需求的快速反应能力和竞争能力，人们对设计自动化提出了更高要求，在计算机提供知识处理自动化（这可由设计型专家系统完成）的基础上，实现决策自动化，即帮助人类设计专家在设计活动中进行决策。需要指出的是，在大规模的集成环境下，人在系统中扮演的角色将更加重要。人类专家将永远是系统中最有创造性的知识源和关键性的决策者。因此，CIMS 这样的复杂系统必定是人机结合的集成化智能系统。与此相适应，面向 CIMS 的智能设计走向了智能设计的高级阶段——人机智能化设计系统。

巩固与拓展

一、知识巩固

对照本任务知识脉络图，梳理自己所掌握的知识体系，并与同学相互交流、研讨个人对某些知识点或技能技巧的理解。

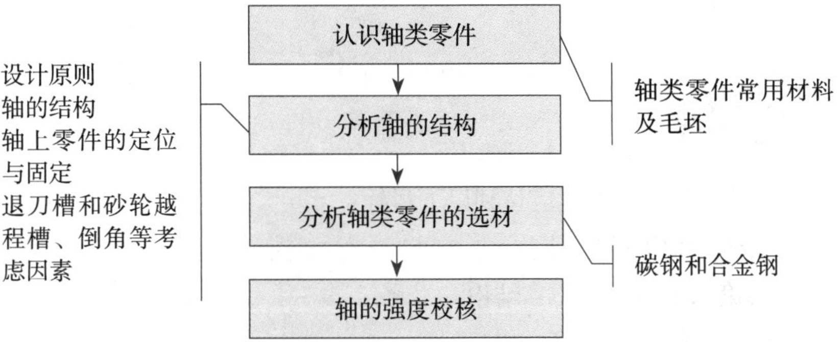

二、拓展任务

（1）根据任务 4.1 的工作步骤及方法，利用所学知识，完成自主学习手册中的拓展任务。

（2）查阅轴类零件的相关知识，了解轴的各种类型、材料及功用。

（3）通过自主查阅有关资料，了解《工程力学》中关于强度和刚度校核的知识。

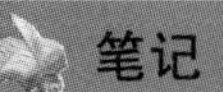

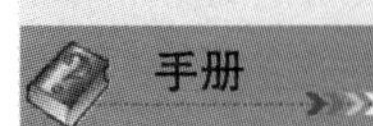

完成《自主学习手册》单元四任务 4.1 拓展任务。

笔记

任务 4.2 滚动轴承设计

任务目标

通过学习本任务，学生应达到以下目标：

□ 了解滚动轴承的作用；

□ 了解滚动轴承的分类、结构；

□ 熟悉滚动轴承的代号；

□ 掌握滚动轴承设计选用方法及步骤。

任务描述

● 任务内容

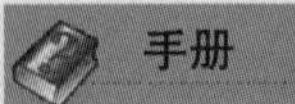

手册

完成《自主学习手册》单元四任务 4.2 学习导引。

图 4-2-1 所示为一齿轮减速器，减速器的高速轴用一对轴承支承，转速 $n=3000\mathrm{r/min}$，轴承径向载荷 $F_r=4800\mathrm{N}$，轴向载荷 $F_a=2500\mathrm{N}$，有轻微冲击。轴颈直径 $d=60\mathrm{mm}$，轴承预期使用寿命 $[L_h]=5000\mathrm{h}$，工作温度正常。试分析滚动轴承的作用，并选择轴承型号。

图 4-2-1　减速器示意

● 实施条件

□ 计算器、机械设计手册等。

□ 图纸 1 张（根据所选比例及表达方案选用合适的图幅）、减速器三维模型。

程序与方法

步骤一　认知滚动轴承

相关知识

一、滚动轴承的作用

滚动轴承是将运转的轴与轴座之间的滑动摩擦变为滚动摩擦，从而减少摩擦损失的一种精密机械元件。

滚动轴承的作用是支撑转动的轴及轴上零件，保持轴的正常工作位置和旋转精度。滚动轴承使用维护方便，工作可靠，启动性能好，在中等速度下承载能力较强。

二、滚动轴承的基本结构

滚动轴承的种类虽多，主体结构由内圈、外圈、滚动体、隔离圈（或保持架）等零件组成，如图 4–2–2 所示。

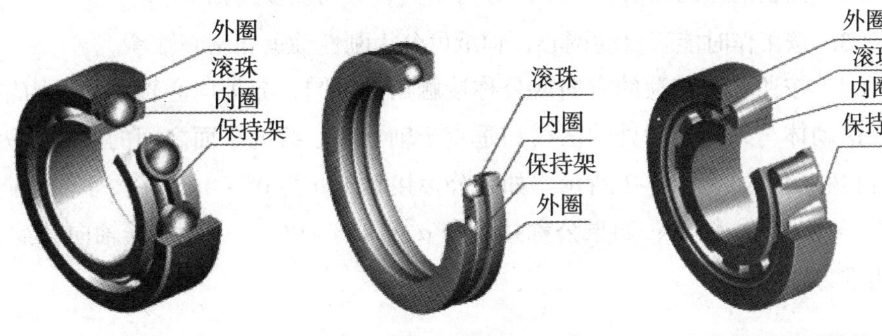

图 4–2–2　滚动轴承结构

内圈的作用是与轴相配合并与轴一起旋转；外圈是与轴承座相配合，起支撑作用；滚动体是借助于保持架均匀地将滚动体分布在内圈和外圈之间，其形状大小和数量直接影响滚动轴承的使用性能和寿命；当内、外圈作相对回转运动时，滚动体沿着内、外圈上的滚道可限制滚动体的轴向位移，能使轴承承受一定的轴向负荷。保持架的作用是使滚动体等距分布，避免滚动体相互接触，改善轴承内部的负荷分配。保持架有冲压的和实体的两种。冲压

> **网络空间**
> 参考教学资源单元四任务 4.2 助学课件。

> **网站**
> 观看教材网站：单元四任务 4.2 教学视频。

笔记

保持架一般用低碳钢板冲压而成，实体保持架通常用铜合金或铝合金等制造。为减小径向尺寸，在要求密封或易于装配等特殊情况下，有些滚动轴承可以没有内圈、外圈、内圈和外圈、保持架（如滚针轴承），有些特殊滚动轴承可以附设密封圈、防尘盖或锥形紧定套等元件。

滚动轴承的内圈、外圈和滚动体，一般采用轴承钢（如 GCr15）或渗碳轴承钢（如 G20Cr2Ni4A）制造，淬火硬度达到 HRC61 ~ 65，工作表面经过磨削抛光。

做一做

试分析减速器轴承所起作用，分析滚动轴承的内部结构。

步骤二　分析滚动轴承的主要类型及其代号

相关知识

一、滚动轴承的分类方法

（1）按滚动体的形状，轴承可分为球轴承和滚子轴承两种类型。球轴承的滚动体和套圈滚道为点接触，负荷能力低、耐冲击性差，但摩擦阻力小，极限转速高，价格低廉。滚子轴承的滚动体与套圈滚道为线接触，负荷能力高、耐冲击，但摩擦阻力大，价格也比较高。

（2）按滚动体的列数，轴承可分为单列、双列及多列轴承。

（3）按工作时能否自动调心，轴承可分为刚性轴承和调心轴承。

参考教学资源单元四任务 4.2 教学录像。

（4）按照承受载荷的方向或公称接触角的不同，分为向心轴承和推力轴承。滚动体与外圈接触处的法线和垂直于轴承轴心线的平面之间的夹角即为公称接触角，如表 4–2–1 所示。如果公称接触角 α 为 0° ~ 45°，主要承受径向载荷，称为向心轴承；如果公称接触角 α 为 45° ~ 90°，主要承受轴向载荷，称为推力轴承。

表 4–2–1　滚动轴承按载荷分类

轴承种类	向心轴承		推力轴承	
公称接触角 α	$\alpha = 0°$	$0° < \alpha \leqslant 45°$	$45° < \alpha < 90°$	$\alpha = 90°$
图例				

笔记

小知识

中国是世界上较早使用滚动轴承的国家之一，在中国古籍中，关于车轴轴承的构造早有记载。从考古文物与资料中看，中国最古老的具有现代滚动轴承结构雏形的轴承，出现于公元前221～207年（秦朝）今山西省永济市薛家崖村。

新中国成立后，特别是20世纪70年代以来，在改革开放的强大推动下，轴承工业进入了一个崭新的高质快速发展时期。

常用滚动轴承的类型、结构代号及特点如表4–2–2所示。

表4–2–2 常用滚动轴承的类型、结构代号及特点

类型代号	简 图	类型名称	结构代号	基本额定动载荷	极限转速比	轴向承载能力	轴向限位能力	性能和特点
1		调心球轴承	10000	0.6～0.9	中	少量	I	因为外圈滚道表面是以轴承中点为中心的球面，故能自动调心，允许内圈（轴）对外圈（外壳）的轴线偏斜量≤ 2°～3°。一般不宜承受纯轴向载荷
2		调心滚子轴承	20000	1.8～4	低	少量	I	性能、特点与调心球轴承相同，但具有较大的径向承载能力，允许内圈对外圈轴线偏斜量≤ 1.5°～2.5°
3		圆锥滚子轴承 α 为 10°～18°	30000	1.5～2.5	中	较大	II	可以同时承受径向载荷及轴向载荷（30000型以径向载荷为主，30000B型以轴向载荷为主），外圈可分离，安装时可调整轴承的游隙。一般成对使用
		大锥角圆锥滚子轴承 α 为 27°～30°	30000B	1.1～2.1	中	很大		

笔记

续表

类型代号	简　图	类型名称	结构代号	基本额定动载荷	极限转速比	轴向承载能力	轴向限位能力	性能和特点
5		推力球轴承	51000	1	低	只能承受单向的轴向载荷	Ⅱ	为了防止钢球与滚道之间的滑动，工作时必须加有一定的轴向载荷。高速时离心力大，钢球与保持架磨损，发热严重，寿命降低，故极限转速很低。轴线必须与轴承座底面垂直，载荷必须与轴线重合，以保证钢球载荷均匀分配
		双向推力球轴承	52000	1	低	能承受双向的轴向载荷	Ⅰ	
6		深沟球轴承	60000	1	高	少量	Ⅰ	主要承受径向载荷，也可同时承受小的轴向载荷。当量摩擦因数最小。在高转速时，可用来承受纯轴向载荷。工作中允许内、外圈轴线偏斜量在 8′～16′，大量生产，价格最低
7		角接触球轴承	70000C	1.0～1.4	高	一般	Ⅱ	可以同时承受径向载荷及轴向载荷，也可单独承受轴向载荷。能在较高转速下正常工作。由于一个轴承只能承受单向轴力，因此一般成对使用。承受轴向载荷的能力由接触角 α 决定。接触角大的，承受轴向载荷的能力也高
			70000AC	1.0～1.3		较大		
			70000B	1.0～1.2		更大		

笔记

续表

类型代号	简　图	类型名称	结构代号	基本额定动载荷	极限转速比	轴向承载能力	轴向限位能力	性能和特点
N		外圈无挡边的圆柱滚子轴承	N0000	1.5～3	高	无	Ⅲ	外圈（或内圈）可以分离，故不能承受轴向载荷，滚子由内圈（或外圈）的挡边轴向定位，工作时允许内、外圈有少量的轴向错动。有较大的径向承载能力，但内、外圈轴线的允许偏斜量很小（2′～4′）。这一类轴承还可以不带外圈或内圈
NU		圆柱滚子轴承	NU0000					

二、滚动轴承的代号

滚动轴承代号由基本代号、前置代号和后置代号组成，用字母和数字等表示。轴承代号的构成如表 4-2-3 所示。

表 4-2-3　滚动轴承代号的构成

<table>
<tr><th>前置代号</th><th colspan="5">基本代号</th><th colspan="8">后置代号</th></tr>
<tr><td rowspan="3">轴承分部件代号</td><td>五</td><td>四</td><td>三</td><td>二</td><td>一</td><td rowspan="3">内部结构代号</td><td rowspan="3">密封与防尘结构代号</td><td rowspan="3">保持架及其材料代号</td><td rowspan="3">特殊轴承材料代号</td><td rowspan="3">公差等级代号</td><td rowspan="3">游隙代号</td><td rowspan="3">多轴承配置代号</td><td rowspan="3">其他代号</td></tr>
<tr><td rowspan="2">轴承类型代号</td><td colspan="2">尺寸系列代号</td><td colspan="2" rowspan="2">内径代号</td></tr>
<tr><td>宽度系列代号</td><td>直径系列代号</td></tr>
</table>

（一）基本代号

基本代号表示轴承的基本类型、结构和尺寸，是轴承代号的基础。

基本代号由轴承类型代号、尺寸系列代号、内径代号构成，其排列方式为

轴承类型代号	尺寸系列代号	内径代号

笔记

1. 轴承类型代号

轴承类型代号用阿拉伯数学或大写拉丁字母表示，如表 4–2–4 所示。

表 4–2–4　轴承类型代号［摘自（GB/T 272—1993）］

代号	0	1	2	3	4	5	6	7	8	N	U	QJ
轴承类型	双列角接触球轴承	调心球轴承	调心滚子轴承和推力调心滚子轴承	圆锥滚子轴承	双列深沟球轴承	推力球轴承	深沟球轴承	角接触球轴承	推力圆柱滚子轴承	圆柱滚子轴承	外球面球轴承	四点接触球轴承

2. 尺寸系列代号

尺寸系列代号由轴承的宽（高）度系列代号和直径系列代号组合而成，用两位阿拉伯数字来表示。其主要作用是区别内径相同而宽度和外径不同的轴承。具体代号需查阅相关标准。

（1）宽（高）度系列代号。

同一直径系列（轴承内径、外径相同时）的轴承可做成不同的宽（高）度，称为宽度系列，推力轴承则表示高度系列。宽度系列代号为 0 时，在轴承代号中通常省略（在调心滚子轴承和圆锥滚子轴承中不可省略）。

直径系列代号和宽度系列代号统称为尺寸系列代号。

（2）直径系列代号。

对同一内径的轴承，由于使用场合所需承受的负荷大小和寿命不相同，故需使用大小不同的滚动体，则轴承的外径和宽度也随之改变，以适应不同的负荷要求。这种内径相同而外径不同所构成的系列称为直径系列，如表 4–2–5 所示。

表 4–2–5　轴承的直径系列代号

	向心轴承						推力轴承				
直径系列	超轻	超特轻	特轻	轻	中	重	超轻	特轻	轻	中	重
原代号	8，9	7	1，7	2（5）	3（6）	4	9	1	2	3	4
新代号	8，9	7	0，1	2	3	4	0	1	2	3	4

注：括号中的数字分别表示轻宽（5）、中宽（6）尺寸系列。

3. 内径代号

内径代号表示轴承的公称内径，一般用两位阿拉伯数字表示。代号数字为 00、01、02、03 时，分别表示轴承内径 d=10mm、12mm、15mm、17mm；代号数字为 04～96 时，代号数字乘以 5，即为轴承内径；轴承公称内径为 1～9mm 时，用公称内径毫米数直接表示；轴承公称内径为 22mm、28mm、32mm、500mm 或大于 500mm 时，用公称内径毫米数直接表示，但应与尺寸系列代号之间用“／”隔开。

光盘

观看助教助学光盘任务 12：三维资源——滚动轴承

轴承基本代号举例如下。

（1）代号：6 1 10

6——轴承类型代号：深沟球轴承；

1——尺寸系列代号（01）：宽度系列代号 0 省略，直径系列代号为 1；

10——内径代号：d = 50mm。

（2）代号：7 2／22

7——轴承类型代号：角接触球轴承；

2——尺寸系列代号（02）：宽度系列代号 0 省略，直径系列代号为 2；

22——内径代号：d = 22mm。

网站

查阅教材网站任务 12：国家标准—— GB/T 272-93

（3）代号：5 03 15

5——轴承类型代号：推力滚子轴承；

03——尺寸系列代号：宽度系列代号为 0，直径系列代号为 3；

15——内径代号：d = 750mm。

（二）前置代号与后置代号

前置代号用字母表示，后置代号用字母（或加数字）表示。前置、后置代号是轴承在结构形状、尺寸、公差、技术要求等有改变时，在其基本代号前、后添加的代号。

前置代号与后置代号应用举例如下。

（1）代号：GS 8 11 07

GS——前置代号：推力圆柱滚子轴承座圈；

8——轴承类型代号：推力圆柱滚子轴承；

11——尺寸系列代号：宽度系列代号为 1，直径系列代号为 1；

07——内径代号：d = 35mm。

（2）代号：2 10 NR

2——尺寸系列代号（02）：宽度系列代号 0 省略，直径系列代号为 2；

10——内径代号：d = 50mm；

NR——后置代号：轴承外圈上有止动槽，并带止动环。

前置代号、后置代号还有许多种，其代号的含义需查阅（GB/T 272—93）。

笔记

想一想

查阅相关标准，能确定学习任务中轴承的哪几个代号？

步骤三 滚动轴承的类型选择

由于滚动轴承属于标准件，所以本步骤仅讨论如何根据具体的工作条件正确选择轴承的类型和尺寸、验算轴承的承载能力，以及轴承的安装、调整等有关轴承装置的设计问题。下面对轴承类型选择要考虑的主要因素进行综述。

相关知识

一、轴承的载荷

轻载和中等负荷时应选用球轴承，重载或有冲击负荷时应选用滚子轴承。

纯径向负荷时，可选用深沟球轴承、圆柱滚子轴承或滚针轴承。纯轴向负荷时，可选用推力轴承。既有径向负荷又有轴向负荷时，若轴向负荷不太大，可选用深沟球轴承或接触角较小的角接触球轴承、圆锥滚子轴承；若轴向负荷较大，可选用接触角较大的这两类轴承；若轴向负荷很大而径向负荷较小，可选用推力角接触轴承，也可以采用向心轴承和推力轴承一起的支撑结构，如表 4-2-1 所示。接触角的介绍详见自主学习手册。

二、轴承的转速

（1）高速情况下应优先选用球轴承。

（2）内径相同时，外径越小，离心力也越小。因此，在高速时，宜选用超轻、特轻系列的轴承。

（3）推力轴承的极限转速都很低，高速运转时摩擦发热严重，若轴向载荷不十分大，可采用角接触球轴承或深沟球轴承来承受纯轴向力。

三、轴承的调心性能

轴承内、外圈轴线间的偏位角应控制在极限值内，否则会增加轴承的附加载荷而降低其寿命。对于刚度差或安装精度较差的轴组件，宜选用调心轴

笔记

承。应注意：调心轴承应成对使用。

四、经济性

在满足使用要求的情况下，优先选用价格低廉的轴承。一般球轴承的价格低于滚子轴承。轴承的精度越高价格越高。同精度的轴承中深沟球轴承价格最低。选用高精度轴承时应进行性价比分析。

五、安装与拆卸

在轴承座不是剖分而必须沿轴向装拆轴承以及需要频繁装拆轴承的机械中，应优先选用内、外圈可分离的轴承（如 3 类、N 类等）；当轴承在长轴上安装时，为便于装拆可选用内圈为圆锥孔的轴承（后置代号第 2 项为 K）。

做一做

根据学习任务的给定条件，查阅标准，初选减速器轴承，依据哪些因素？

步骤四　滚动轴承尺寸的选择

相关知识

一、失效形式

1. *疲劳点蚀*

滚动轴承工作过程中，滚动体相对于内圈（或外圈）不断地转动，因此滚动体与滚道接触表面受变化的接触变应力。此变应力可近似看作载荷按脉动循环变化。由于脉动接触应力的反复作用，首先在滚动体或滚道的表面下一定深度处产生疲劳裂纹，继而扩展到接触表面，形成疲劳点蚀，致使轴承不能正常工作，如图 4-2-3 所示。有时由于安装不当，轴承局部受载荷较大，更促使点蚀早期发生。

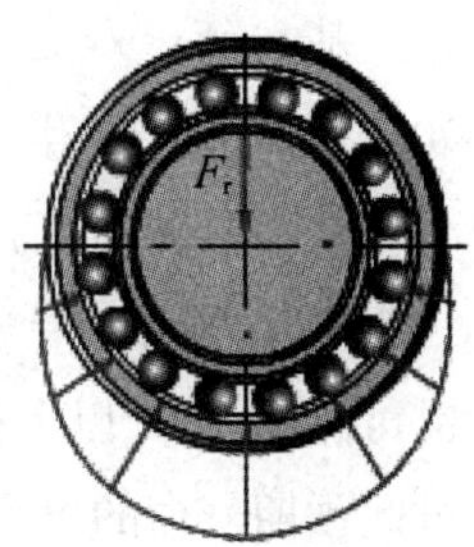

图 4-2-3　疲劳点蚀

网站

观看教材网站：单元四任务 4.2 教学视频。

2. *塑性变形*

在静载荷或冲击载荷作用下，滚动体和套圈滚道工作面上将出现不均匀的塑性变形凹坑，由此导致摩擦力矩增大、旋转精度降低，使轴承产生剧烈的振动和噪声，不能正常工作。为防止塑性变形，需对轴承进行静强度计算。

笔记

3. 磨损

使用中维护、保养不当或密封润滑不良的条件下工作时，滚动体或套圈滚道易产生磨粒磨损。

当轴承在高速重载运转时还会产生胶合失效。如轴承工作转速小于极限转速，并采取良好的润滑和密封等措施，胶合一般不易发生。

此外，由于配合不当、拆装不合理等非正常原因，轴承的内、外圈可能会发生破裂，应在使用和装拆轴承时充分注意这几点。

二、设计准则

对于一般转速的轴承，为防止产生疲劳点蚀，应进行滚动轴承的疲劳寿命计算；对于转速很低或缓慢摆动的轴承，为控制其表面塑性变形量，应作静强度计算。对于高速运转的轴承，为防止发热而造成过度磨损和胶合，应进行极限转速的校核计算。

三、滚动轴承的基本额定寿命

基本额定寿命是指一批相同型号的轴承，在同样的工作条件下运转时，90% 的轴承未发生疲劳点蚀前运转的总转数，或在恒定转速下运转的总工作小时数，分别用 L_{10} 或 L_{10h} 表示。

按基本额定寿命的计算选用轴承时，可能有 10% 以内的轴承提前失效，也可能有 90% 以上的轴承超过预期寿命。而对于单个轴承而言，能达到或超过此预期寿命的可靠度为 90%。

为了比较不同型号轴承的承载能力，标准中规定，当基本额定寿命为 10^6 转时，轴承所能承受的载荷称为基本额定动载荷，用 C 表示，即轴承在基本额定动载荷作用下运转 10^6 转时，不发生疲劳点蚀的可靠度为 90%。对于向心轴承和角接触轴承，基本额定动载荷为径向载荷；对于推力轴承，基本额定动载荷为轴向载荷。各型号轴承在正常工作温度（≤ 120℃）下的额定动载荷 C 值，可在滚动轴承标准中查出，详见机械设计手册中相关内容。

对于向心及向心推力轴承基本额动载荷指的是径向载荷 C_r；对于推力轴

承基本额动载荷指的是轴向载荷 C_a。

做一做

根据预选轴承代号，查表确定该轴承的基本额定载荷。

四、滚动轴承的寿命计算

由实验统计结果表明，滚动轴承基本额定寿命的计算公式为

$$L_{10}=\left(\frac{C}{P}\right)^{\varepsilon} \tag{4-2-1}$$

式中，L_{10} 为基本额定寿命（10^6r）；P 为当量动载荷；ε 为寿命指数，对于球轴承 $\varepsilon=3$，对于滚子轴承 $\varepsilon=10/3$。

当量动载荷为一假想载荷，在此载荷作用下轴承的寿命与在实际工作条件下的轴承寿命相同。

$$P=XF_r+YF_a \tag{4-2-2}$$

式中，F_r、F_a 分别为轴承的径向载荷及轴向载荷（N）；X、Y 分别为径向动载荷及轴向动载荷系数。部分轴承取值如表 4-2-6 所示，表中 e 值与轴承类型和相对轴向载荷 F_a/C_{or} 有关（C_{or} 是轴承的径向额定静载荷，由机械设计手册查出）。

笔记

参考教学资源单元四任务4.2 教学录像。

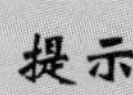

提示

表 4-2-6 中，e、Y 的计算可以采用插入法，详见自主学习手册。

表 4-2-6　当量动载荷的 X、Y 系数

轴承类型	$\frac{F_a}{C_{or}}$	e	$F_a/F_r>e$		$F_a/F_r\leq e$	
			X	Y	X	Y
深沟球轴承	0.014	0.19	0.56	2.30	1	0
	0.028	0.22		1.99		
	0.056	0.26		0.71		
	0.084	0.28		1.55		
	0.11	0.30		1.45		
	0.17	0.34		1.31		
	0.28	0.38		1.15		
	0.42	0.42		1.04		
	0.56	0.44		1.00		

笔记

续表

<table>
<tr><th colspan="2" rowspan="2">轴承类型</th><th rowspan="2">$\frac{F_a}{C_{or}}$</th><th rowspan="2">e</th><th colspan="2">$F_a/F_r > e$</th><th colspan="2">$F_a/F_r \leqslant e$</th></tr>
<tr><th>X</th><th>Y</th><th>X</th><th>Y</th></tr>
<tr><td rowspan="3">角接触球轴承</td><td>$\alpha=15°$</td><td>0.015
0.029
0.058
0.087
0.12
0.17
0.29
0.44
0.58</td><td>0.38
0.40
0.43
0.46
0.47
0.50
0.55
0.56
0.56</td><td>0.44</td><td>1.47
1.40
1.30
1.23
1.19
1.12
1.02
1.00
1.00</td><td>1</td><td>0</td></tr>
<tr><td>$\alpha=25°$</td><td>—</td><td>0.68</td><td>0.41</td><td>0.87</td><td>1</td><td>0</td></tr>
<tr><td>$\alpha=40°$</td><td>—</td><td>1.14</td><td>0.35</td><td>0.57</td><td>1</td><td>0</td></tr>
<tr><td colspan="2">圆锥滚子轴承（单列）</td><td>—</td><td>$1.5\tan\alpha$</td><td>0.4</td><td>$0.4\cot\alpha$</td><td>1</td><td>0</td></tr>
<tr><td colspan="2">调心球轴承（双列）</td><td>—</td><td>$1.5\tan\alpha$</td><td>0.65</td><td>$0.65\cot\alpha$</td><td>1</td><td>$0.42\cot\alpha$</td></tr>
</table>

若用给定转速下的工作小时数 L_{10h} 来表示，则寿命为

$$L_{10h}=\frac{10^6}{60n}\left(\frac{C}{P}\right)^{\varepsilon} \tag{4-2-3}$$

当轴承的工作温度高于 100℃时，其基本额定动载荷 C 值将降低，需引入温度系数 f_T 进行修正（如表 4–2–7 所示）；考虑到工作中的冲击和振动会使轴承寿命降低，为此又引进载荷系数 f_P（如表 4–2–8 所示）。

作了上述修正后，寿命计算公式可写为

$$L_{10h}=\frac{10^6}{60n}\left(\frac{f_T C}{f_P P}\right)^{\varepsilon} \geqslant [L_h] \tag{4-2-4}$$

若以基本额定动载荷 C 表示，可得

$$C \geqslant \frac{f_P P}{f_T}\left(\frac{60n[L_h]}{10^6}\right)^{\frac{1}{\varepsilon}} \tag{4-2-5}$$

式中，n 为轴承的工作转速（r/min）；[L_h] 为轴承的预期寿命（h），可根据机器的具体要求或参考表 4–2–9 确定。

表 4–2–7　温度系数 f_T

轴承工作温度/℃	100	125	150	175	200	225	250	300
f_T	1	0.95	0.9	0.85	0.80	0.75	0.70	0.60

笔记

表 4-2-8　载荷系数 f_P

载荷性质	无冲击或轻微冲击	中等冲击	强烈冲击
f_P	1.0 ~ 1.2	1.2 ~ 1.8	1.8 ~ 3.0

表 4-2-9　轴承预期寿命 [L_h]

使用场合	[L_h]/h
不经常使用的仪器和设备	500
短时间或间断使用，中断时不致引起严重后果	4000 ~ 8000
间断使用，中断会引起严重后果	8000 ~ 12000
每天 8h 工作的机械	12000 ~ 20000
24h 连续工作的机械	40000 ~ 60000

做一做

（1）本任务如何确定该轴承的 e、X、Y 及当量动载荷 P？

（2）本任务最终寿命是否满足工作要求？如果不满足该怎么办？

步骤五　滚动轴承装置的设计

相关知识

一、滚动轴承内、外圈的固定方法

网站

观看教材网站：单元四任务 4.2 教学视频。

为了防止轴承在承受轴向负荷时相对于轴或座孔产生轴向移动，轴承内圈与轴、轴承外圈与座孔必须进行轴向固定，如图 4-2-4、图 4-2-5 所示。

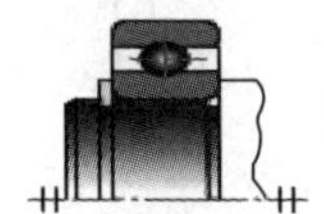
（a）轴用弹性挡圈

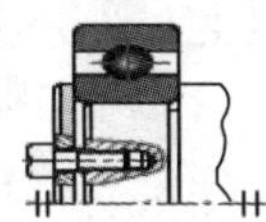
（b）轴端挡圈

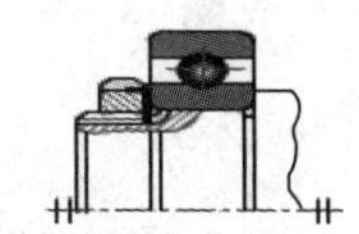
（c）圆螺母与止动垫圈

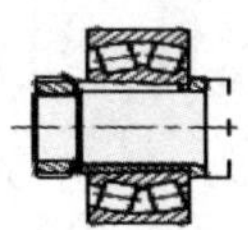
（d）紧定衬套、圆螺母、止动垫圈与圆锥孔内圈

图 4-2-4　内圈固定方法

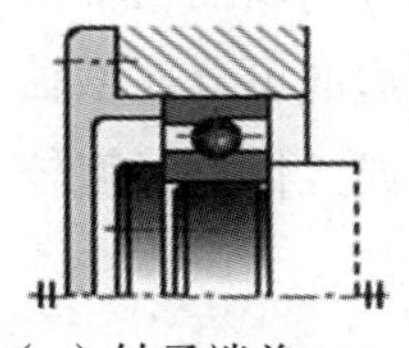
（a）轴承端盖

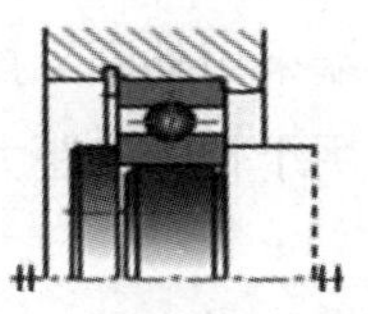
（b）孔用弹性挡圈

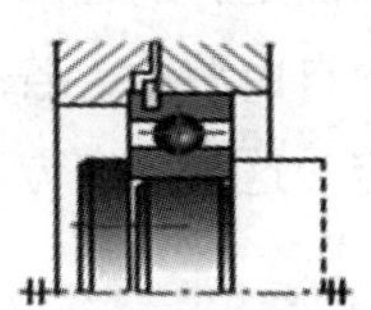
（c）轴承外圈止动槽

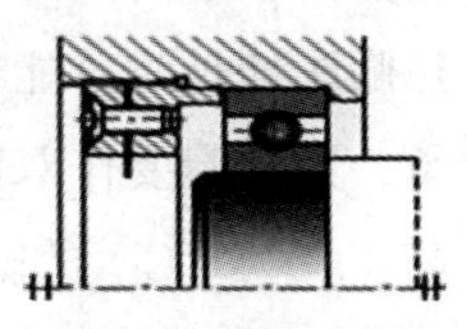
（d）螺纹环与轴用弹性挡圈

图 4-2-5　外圈固定方法

笔记

二、轴系的轴向固定

轴承均利用轴肩顶住内圈，端盖压住外圈，有两端轴承各限制轴一个方向的轴向移动。考虑到温度升高后轴的膨胀伸长，对于径向接触轴承，在轴承外圈与轴承盖之间留出 $c = 0.2 \sim 0.3$mm 的轴向间隙；对于内部间隙可以调整的角接触轴承，安装时将间隙留在轴承内部。这种固定方式结构简单、安装方便，适用于温差不大的短轴（跨距 $L < 350$mm），如图 4-2-6 所示。

1. 两端固定

轴的两个支点中每个支点都能限制轴的单向移动，合起来就限制了轴的双向移动。

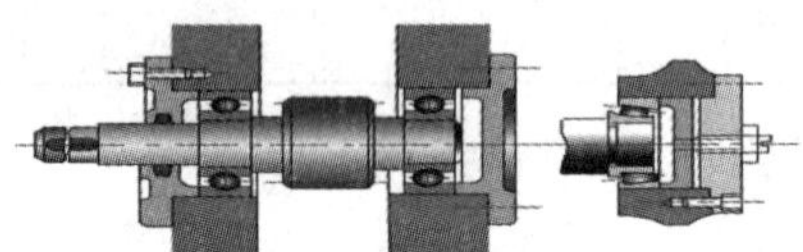

图 4-2-6　两端固定方法

2. 一端固定、一端游动

一端固定、一端游动的固定方法是使一个支点处的轴承双向固定，而另一个支点处的轴承可以轴向游动，以适应轴的热伸长，如图 4-2-7 所示。

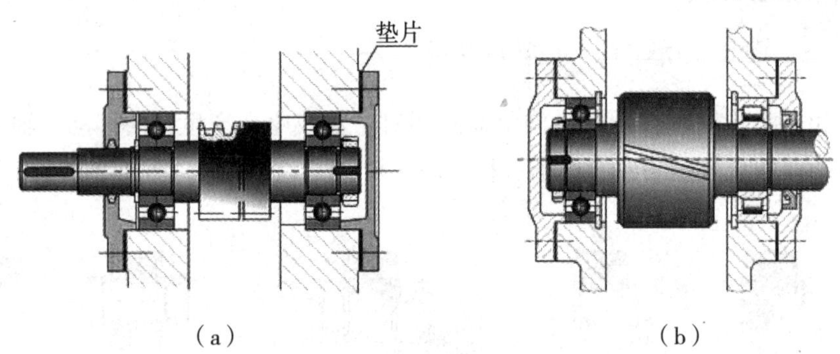

图 4-2-7　一端固定、一端游动

固定支点处轴承的内、外圈均作双向固定，以承受双向轴向负荷；游动支点处轴承的内圈作双向固定，而外圈与机座孔间采用动配合，以便当轴受热膨胀伸长时，能在孔中自由游动，若游动端采用外圈无挡边的可分离型轴承，则外圈要作双向固定。这种固定方式适用于轴的跨距大或工作时温度较高（$t > 70$℃）的轴。

3. 两端游动式

对于支承人字齿轮的轴系部件，其位置可通过人字齿轮的几何形状确定，这时必须将两个支点设计为游动支承，但用于其啮合的人字齿轮所在轴系部件必须两端固定，以便两轴得到轴向定位，如图 4-2-8 所示。

笔记

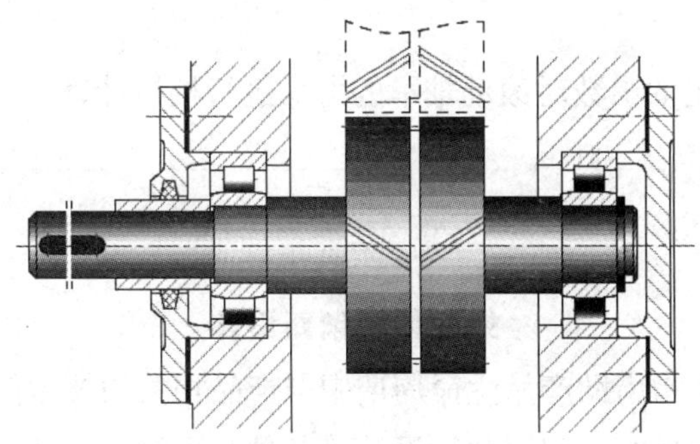

图 4-2-8　两端游动式

三、轴承间隙调整的常用方法

1. 调整垫片

通过增减垫片的厚度调整轴承间隙，如图 4-2-9 所示。

2. 调整压盖

通过调整压盖的轴向位置调整轴承间隙，如图 4-2-10 所示。

3. 调节螺钉

4. 调整环

如图 4-2-11 所示，调整环的厚度在安装时配作。

网站

观看教材网站：单元四任务 4.2 教学视频。

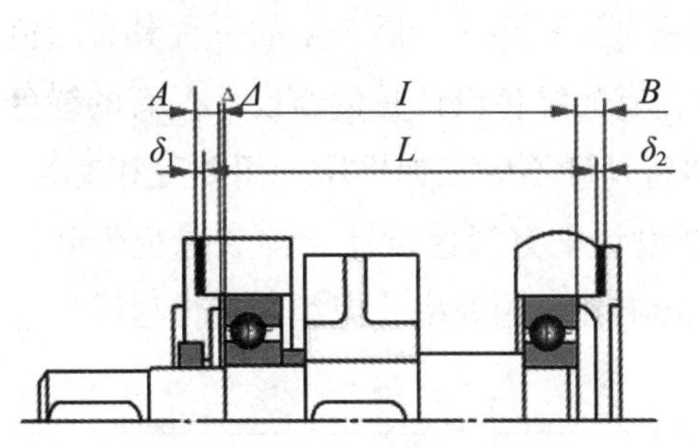

图 4-2-9　垫片调整轴向间隙

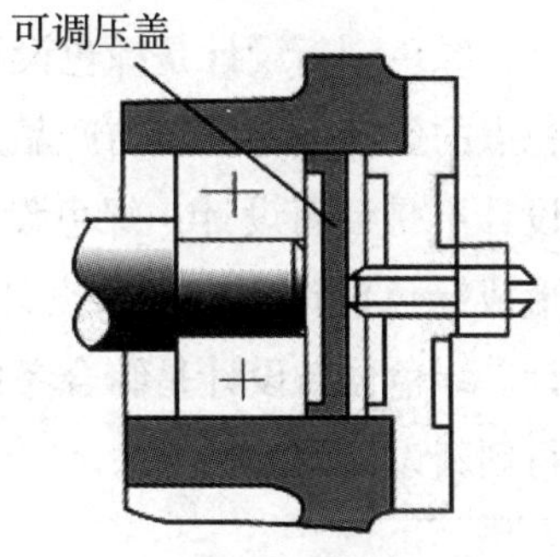

图 4-2-10　可调压盖调整轴承间隙

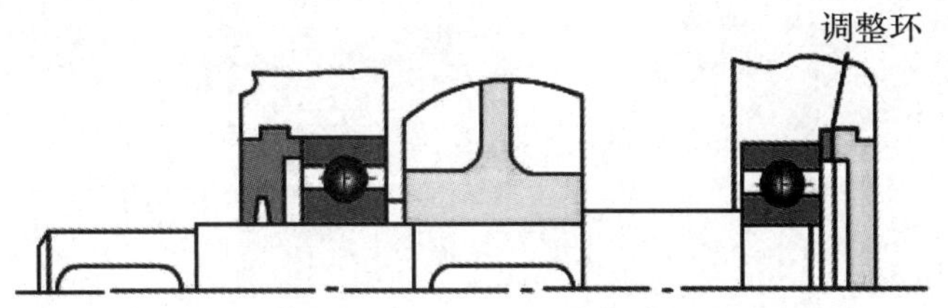

图 4-2-11　调整环调整轴承间隙

笔记

做一做

（1）同学们分小组，按照上述设计步骤，对减速器中的滚动轴承进行选择。

（2）按照选定的参数对滚动轴承的寿命进行校核计算。

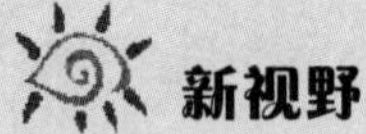

新视野

绿色机械创新设计

绿色设计是指借助产品生命周期中与产品相关的技术信息、环境协调性信息、经济信息等，利用并行设计等各种先进的设计理论，使设计出的产品具有先进的技术性、良好的环境协调性以及合理的经济性的一种系统设计方法。绿色设计要求产品具有以下属性：节能、可拆卸和可维修性、产品报废后的可回收和可再利用、不含有害物质、废弃物的处理过程经济或不会对环境、安全和身体健康造成危害等。

创新设计要求设计者充分发挥创造性思维，吸收最新科技成果，运用现代设计理论和方法，设计出更具竞争力的新颖产品。机械产品创新设计类型可分为三种：原创设计、变异设计和反求设计。现代公司必须致力于开发新产品，学习如何有效地创新，从产品概念到投放市场，都必须融合新的“设计”。产品设计可以看成是一种以解决问题为直接目标的活动，需要一系列复杂而系统的努力，包括提出拓展设计概念、修改细节、评价合理的解决方案等。

绿色创新设计是绿色设计与创新设计互相交合后产生的一种具有绿色特点的创新设计。目前产品开发中，有的绿色设计是创新设计，有的绿色设计不是创新设计；绿色设计与创新设计不应互为排斥，而要互相交合，形成绿色设计中有创新设计，创新设计中有绿色设计，构成绿色创新设计。绿色创新设计是综合考虑环境影响和资源效率，应用创造性思维，进行创新设计的一种方法。

巩固与拓展

一、知识巩固

梳理自己所掌握的知识体系，并与同学相互交流、研讨个人对某些知识点或技能技巧的理解。

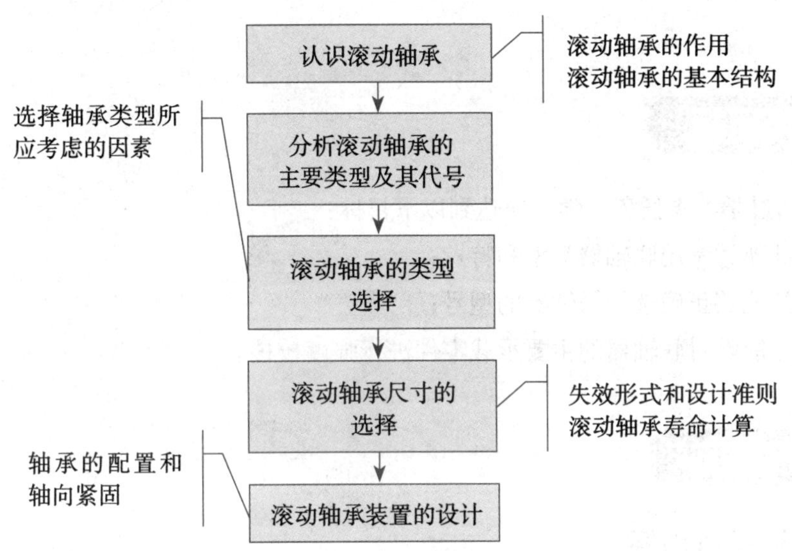

二、拓展任务

（1）根据任务完成的工作步骤及方法，利用所学知识，完成自主学习手册中的拓展任务。

（2）查阅机械设计手册中滑动轴承的设计，谈谈自己对轴承设计的理解。

手册

完成《自主学习手册》单元四任务4.2　任务拓展。

笔记

任务 4.3 联轴器设计

任务目标

通过学习本任务，学生应达到以下目标：

□ 熟悉常用联轴器类型和特点；

□ 能够正确选择联轴器的型号；

□ 能够对联轴器的主要承载零件进行强度校核。

任务描述

● 任务内容

某卷扬机用联轴器与圆柱齿轮减速器相连接（如图 4-3-1 所示）。已知电动机输出功率 P = 10kW，转速 n = 960r/min，输出轴直径为 42mm，输出轴长 112mm，用半圆头普通平键与联轴器相连接；减速器输入轴直径 45mm，长 112mm，用圆头普通平键与联轴器连接。试选择该处的联轴器。

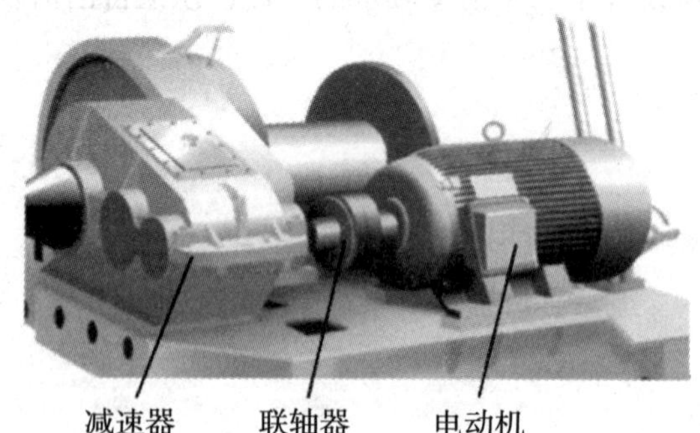

图 4-3-1 卷扬机

手册

完成《自主学习手册》单元四任务 4.3 学习导引。

● 实施条件

□ 计算器、机械设计手册等。

□ 联轴器三维模型。

笔记

程序与方法

步骤一　认识联轴器

相关知识

一、联轴器的作用

联轴器是机械传动中常用的部件，主要用来连接两轴，使之一同回转并传递转矩，有时也可用作安全装置。联轴器只有在机器停转后将其拆开才使两轴分离。

多学一点

联轴器的类型很多，其中大多已标准化。设计时只需参考手册，根据工作要求选择合适的类型，再按轴的直径、计算转矩和转速来确定联轴器的型号和结构尺寸，必要时再对其主要零件作强度验算。

二、分析联轴器所连接两轴的相对位移

联轴器所连接的两根轴，由于制造、安装等原因，常产生相对位移，如图 4-3-2 所示，这就要求联轴器在结构上具有补偿一定范围位移量的性能。

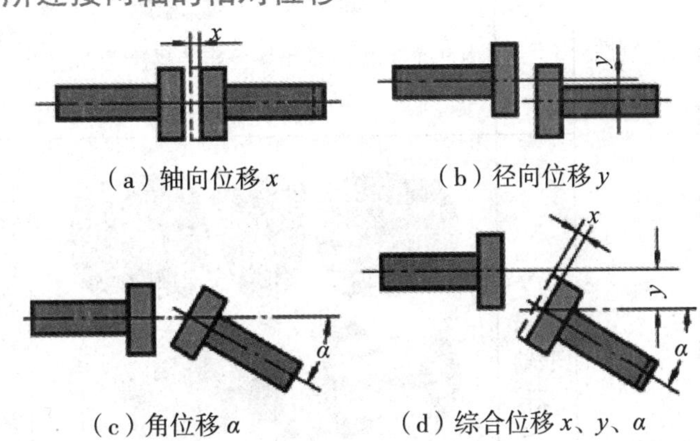

（a）轴向位移 x　（b）径向位移 y　（c）角位移 α　（d）综合位移 x、y、α

图 4-3-2　联轴器所连接两轴轴线的相对位移

网站

观看教材网站：单元四任务 4.3 教学视频。

步骤二　分析联轴器的工作特性

联轴器根据其是否包含弹性元件，可分为刚性联轴器和弹性联轴器两大类。刚性联轴器根据其是否有补偿位移的能力可分为固定式和可移式两种。弹性联轴器视其所具有弹性元件材料的不同，又可分为金属弹簧式和非金属弹性元件式两种。弹性联轴器不仅能在一定范围内补偿两轴线间的偏移，还具有缓冲减震的性能。各种常见联轴器的类型如表 4-3-1 所示。

笔记

网络空间

参考教学资源单元四任务4.3 助学课件。

表 4-3-1 常见联轴器的类型

分类依据	类型	图 例	说 明
1. 刚性联轴器	套筒联轴器	利用套筒及连接零件（键或销）将两轴连接起来	[特点] 结构简单、径向尺寸小、容易制造；缺点是装拆时因被连接轴需作轴向移动而使用不太方便。[应用] 适用于载荷不大、工作平稳、两轴严格对中并要求联轴器径向尺寸小的场合
	凸缘联轴器	由两个半联轴器和一组连接螺栓组成	[特点] 凸缘联轴器是使两轴刚性地连接在一起，所以在传递载荷时不能缓和冲击和吸收振动。此外，要求对中精确，否则由于两轴偏斜或不同轴线都将引起附加载荷和严重磨损。[应用] 凸缘联轴器适用于连接低速、大转矩、振动不大、刚性大的短轴
	十字滑块联轴器	由两个端面上开有凹槽的半联轴器和一个两面带有相互垂直凸牙的中间盘所组成	[特点] 能补偿一定的径向和角位移。在轴有径向位移且转速较高时，滑块会产生很大的离心力和磨损。[应用] 用于转速较低、轴的刚性较大、无剧烈冲击的场合
	齿式联轴器	由两个带外齿的套筒和两个带内齿的凸缘形外套筒以及连接两个外套筒的螺栓所组成，两个内套筒分别用键与两轴连接	[特点] 传递转矩大，能补偿轴的综合位移；结构笨重，常用于重型机械中。[应用] 适用于刚性大、振动冲击小和低速大转矩的连接场合

笔记

续表

分类依据	类型	图　例	说　明
1. 刚性联轴器	万向联轴器	由两个叉形接头、一个中间十字形连接件和销轴所组成	[特点] 可补偿较大的角位移，所谓万向，是指两轴偏斜的角度大，可达 45°。当连接的两轴有角位移时，主动轴等角速转动，而从动轴则变角速转动，会引起附加动载荷。[应用] 实际中常将两个万向联轴器成对使用，即双万向联轴器
2. 弹性联轴器	弹性套柱销联轴器	与凸缘联轴器外形相似，不同的是用套有硬橡胶圈的柱销代替螺栓	[特点] 因为中间有弹性元件，这样它除了能补偿被连接两轴的各种相对位移外，还能起缓冲、吸振等作用。[应用] 常用在高转速、起动频繁、变载荷或经常反向的机器上
	弹性柱销联轴器	主要用榆木、白桦木或夹布胶木、尼龙等非金属材料来代替弹性套柱销	[特点] 结构简单，制造容易，维护方便，两个半联轴器对称并可互换。[应用] 适用于轴向窜动大（允许 $x = 1 \sim 6\text{mm}$）、正、反转变化多、启动频繁的场合

做一做

分析任务 4.3 中联轴器连接的两个轴之间的相对位移属于哪种情况？是什么类型的联轴器？

网站

观看教材网站：单元四任务 4.3 教学视频。

步骤三　设计联轴器

相关知识

一、计算联轴器的计算转矩

由于联轴器启动时的动载荷和运转中可能出现过载现象，所以应以轴上的最大转矩作为计算转矩。计算转矩按下式计算：

笔记

$$T_c = KT$$

式中，K 为工作情况系数，如表 4–3–2 所示；T 为名义转矩（N·m），$T = 9550 \times P/n$。

表 4–3–2　联轴器和离合器工作情况系数 K

原动机	工　作　机	K
电动机	皮带运输机、鼓风机、连续运转的金属切削机床	1.25 ~ 1.5
	链式运输机、刮板运输机、螺旋运输机、离心泵、木工机床	1.5 ~ 2.0
	往复运动的金属切削机床	1.5 ~ 2.5
	往复式泵、往复式压缩机、球磨机、破碎机、冲剪机	2.0 ~ 3.0
	锤、起重机、升降机、轧钢机	3.0 ~ 4.0
汽轮机	发电机、离心泵、鼓风机	1.2 ~ 1.5
往复式发动机	发电机	1.5 ~ 2.0
	离心泵	3 .0 ~ 4.0
	往复式工作机（如压缩机、泵）	4.0 ~ 5.0

注：固定式、刚性可移式联轴器选用较大 K 值，弹性联轴器选用较小 K 值，嵌合式离合器 K 为 2 ~ 3，摩擦式离合器 K 为 1.2 ~ 1.5，安全联轴器取 $K = 1.25$。

二、确定联轴器的型号

1. 初选联轴器型号

依据计算出的转矩 T_c 及所选的联轴器类型，按照 $T_c \leqslant [T]$ 的条件由联轴器的标准中选定联轴器型号。其中，$[T]$ 为联轴器的许用转矩，单位为 N·m，由联轴器标准中查出。

2. 校核最大转速

被连接轴的转速 n 不应该超过所选联轴器允许的最高转速 $[n_{max}]$，即 $n \leqslant [n_{max}]$。

3. 协调轴孔直径

一般每一型号的联轴器都有适用的孔径范围。所选联轴器型号的孔径应含被连接的两轴端直径，否则应重选联轴器型号，直到同时满足上述三个条件。

案例分析：某车间起重机，根据工作要求选用一台电动机。已知电动机输出功率 $P = 10$kW，转速 $n = 960$r/min，输出轴直径为 42mm，试选择该处的联轴器（只要求与电动机轴伸连接的半联轴器满足直径要求）。

该案例的设计步骤如表 4–3–3 所示。

表 4–3–3　联轴器选型计算步骤

计算项目		计算内容	计算结果
1	类型选择	因联轴器用于起重机，考虑到启动、制动频繁，并且正、反转，选用缓冲、吸振性能好的弹性柱销联轴器	弹性柱销联轴器
2	名义转矩	$T=9550\dfrac{P}{n}=9550\times\dfrac{10}{960}$	$T=99.48\text{N}\cdot\text{m}$
3	载荷系数	$K=2.3$	查表 4–3–2 得出
4	计算转矩	$T_c=K\cdot T=2.3\times99.48$	$T_c=228.80\text{N}\cdot\text{m}$
5	联轴器型号	TL6 型	查 GB 4323—1984 得出
6	许用转矩	$[T]=630\text{N}\cdot\text{m}$　　$T_c<[T]$	
7	许用转速	$[n]=5000\text{r/min}$　　$n<[n]$	此联轴器的 T、n、直径满足要求
8	轴孔范围	d 取 30～48mm，可用	—

做一做

按照上述案例步骤，完成任务 4.3 中联轴器的选型工作。

新视野

绿色产品设计技术

这是对产品在其生命周期中，按符合环境保护、资源利用率最高、能源消耗最低的要求进行设计的技术。主要包括如下内容。

· **面向环境设计技术**　在产品整个生命周期内，以系统集成的观点考虑产品的可拆性、可回收性、可维护性、可重复利用性和人身健康及安全性等基本属性，并将其作为设计目标，使产品在满足环境目标要求的情况下，同时具备应用的基本性能、使用寿命和质量等。

· **面向能源设计技术**　这是指用对环境影响最小和资源消耗最少的能源供给方式来支持产品的整个生命周期，并以最小的代价来获得能量的可靠回收和重新利用的设计技术。产品设计是影响能源消耗最关键的环节，在产品功能和基本要素确定的情况下，产品的结构布局、材料选择、加工工艺、可制造性、可装配性和可重复使用性等影响能源消耗的主要因素都是在设计阶段确定的。

网络空间

参考教学资源单元四任务 4.3 教学录像。

笔记

· **面向材料设计技术** 该技术以材料为对象，在产品整个寿命周期中的每一阶段，以材料对环境的影响有效利用作为控制目标，在实现产品功能要求的同时，使其对环境污染最小和能源消耗最少。

· **人机工程设计技术** 它是以人机工程学理论为基础、面向人的产品设计技术。它依据人的心理和生理特征，利用科学技术成果和数据设计技术系统，使之符合人的使用要求，改善环境和优化人机系统，随之达到最佳配合，以最小的劳动代价换取最大的经济成果。

巩固与拓展

一、知识巩固

对照本任务知识脉络图，梳理自己所掌握的知识体系，并与同学相互交流、研讨个人对某些知识点或技能技巧的理解。

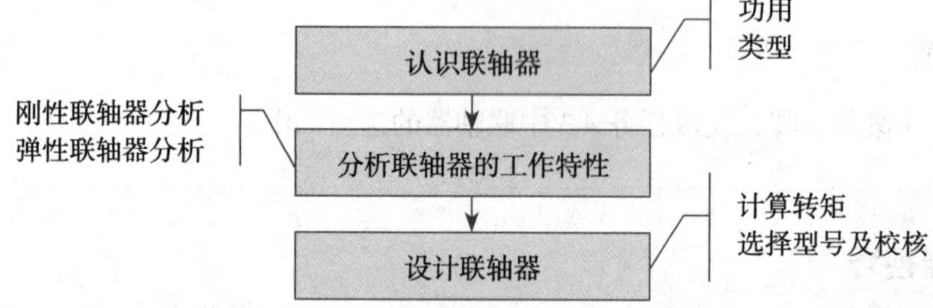

手册

学习《自主学习手册》单元四任务 4.3 任务拓展。

二、拓展任务

根据任务 4.3 的工作步骤及方法，利用所学知识，完成自主学习手册中的拓展任务。

单元五

连接零件设计

为了便于机器的制造、装配、修理和运输，根据结构的需要在机器上广泛使用着各种连接，将零件结合在一起，熟悉各种连接方法和有关连接件的结构特点、应用场合，掌握正确选择连接的方法及其设计计算，对每一名机械设计人员来说是非常必要的。

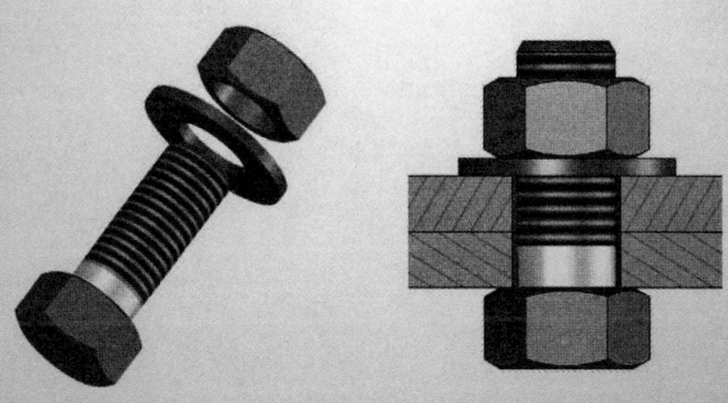

任务 5.1
螺纹连接设计

任务目标

通过学习本任务，学生应达到以下目标：

□ 了解螺纹的功用、类型及应用特点；

□ 掌握螺纹的主要参数；

□ 掌握螺纹连接的预紧与防松以及其强度计算；

□ 掌握单个螺纹连接的设计方法；

□ 掌握螺栓组连接设计的方法。

任务描述

● 任务内容

如图 5-1-1 所示，减速器中有用于箱盖、箱体的连接螺栓，用于轴承端盖的连接螺钉，以及与地基连接的地脚螺栓等。已知：减速器两齿轮中心距为 120mm，主、从动轴承座孔直径分别为 72mm 和 85mm。试设计或选用如上所述的几种螺纹连接。

图 5-1-1　双级齿轮减速器

笔记

手册

学习《自主学习手册》单元五任务 5.1 相关知识。

网络空间

参考教学资源单元五任务 5.1 教学录像。

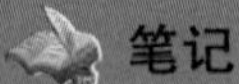
笔记

● 实施条件

□ 机械设计基础展示教室，供学生见习、了解减速器组成，拆装减速器等。

□ 减速器的装配图、螺纹连接的零件图、多媒体课件及必要的参考资料，供学生自主学习时获取必要的信息。

程序与方法

步骤一　认识螺纹连接的基本类型

想一想

根据日常生活所见，想一想自己都见过哪些种类的螺纹连接。

相关知识

一、认识螺纹类型（如表 5-1-1 所示）

表 5-1-1　螺纹类型

分类依据	螺纹类型	图　例	说　明
按用途分	紧固螺纹		紧固螺纹用于连接设备零部件，管螺纹用于连接管子，传动螺纹用于传递运动和动力
	传动螺纹		
	管螺纹		
	专用螺纹		
按牙型分	三角形螺纹		三角形螺纹主要用于连接，其余则多用于传动
	矩形螺纹		
	梯形螺纹		
	锯齿形螺纹		
	圆形螺纹		

笔记

续表

分类依据	螺纹类型	图　例	说　明
按螺旋线方向分	右旋螺纹		机械制造中常用右旋螺纹
	左旋螺纹		
按螺旋线数分	单线螺纹		机械制造中常用单线螺纹
	多线螺纹		
	圆锥螺纹		
按螺纹所在表面分	外螺纹		内、外螺纹共同组成螺旋副，用于连接或传动
	内螺纹		
按标准制度分	米制螺纹		我国除管螺纹外，一般都采用米制螺纹
	英制螺纹		

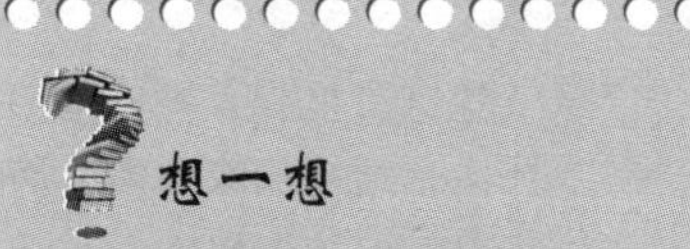

想一想

不同的螺纹类型，是通过何种方式把设备零部件连接到一起的？

二、认识常见螺纹连接类型

螺纹连接的形式很多，常见螺纹连接的类型有四种，如表 5–1–2 所示。

笔记

手册

学习《自主学习手册》单元五任务5.1　应知应会。

网络空间

参考助学资源单元五任务5.1　教学课件。

表 5-1-2　常见螺纹连接的类型

连接类型	图　例	特　点
螺栓连接	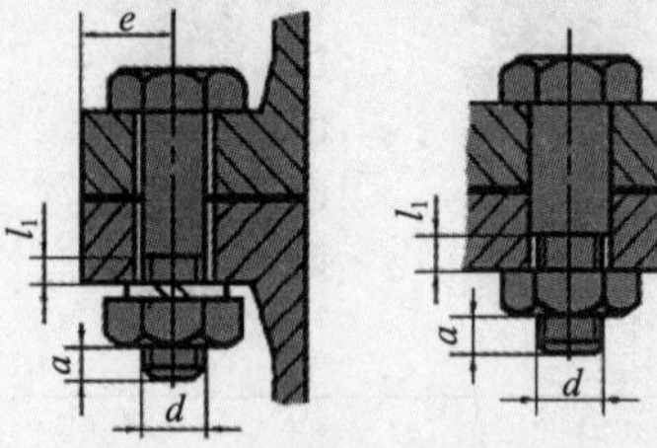 静载荷 $l_1 \geqslant (0.3 \sim 0.5)\,d$； 变载荷 $l_1 \geqslant 0.75d$； 冲击或弯曲载荷 $l_1 \geqslant d$； $e=d+(3 \sim 6)$ mm； $d_0 \approx 1.1d$；$a \approx (0.2 \sim 0.3)\,d$； 铰制孔用螺栓连接 $l_1 \approx d$	螺栓穿过被连接件上的光孔并用螺母拧紧。其分为普通螺栓连接和铰制孔螺栓连接两种
双头螺柱连接	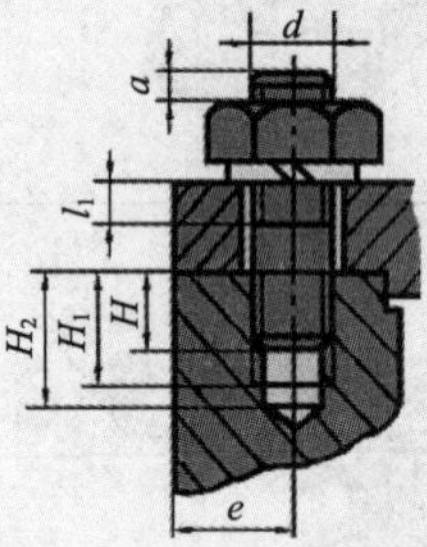 螺纹孔件为钢 $H \approx d$； 铸铁 $H \approx (1.25 \sim 1.5)\,d$； 铝合金 $H \approx (1.5 \sim 1.5)\,d$	被连接件较厚或者为了结构紧凑必须采用盲孔、用螺栓连接不便的情况。可以多次装拆而不损坏被连接件
螺钉连接	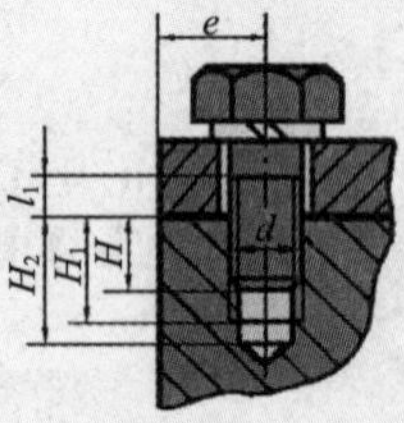	螺钉直接旋入被连接件中，结构比双头螺柱简单。但被连接件螺纹孔容易滑扣，不宜经常拆卸
紧定螺钉连接	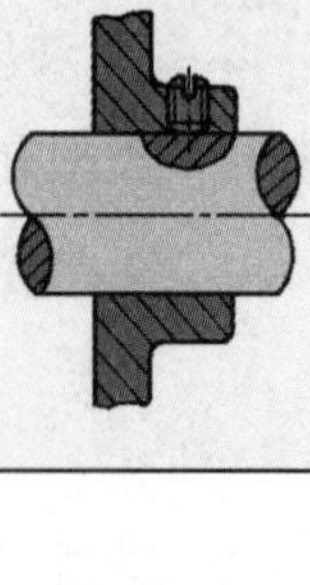	常用于固定两零件的相对位置，并可传递不大的力或扭矩

笔记

多学一点

螺栓连接按照受力不同，分为受拉螺栓连接和受剪螺栓连接，前者螺栓和孔之间有间隙，孔的加工精度要求较低；后者螺栓杆部和孔之间一般采用基孔制过渡配合，用以承受横向载荷，此时孔需要精制，如铰孔，所以又称为铰制孔用螺栓连接。

做一做

对减速器中的四种螺栓连接类型进行选择。

步骤二　分析螺纹连接预紧和防松

想一想

如何使用螺栓连接将台式钻床立柱连接到底座上，要求做到可靠连接。

相关知识

在实际应用中，大部分螺纹连接在装配时都必须拧紧，这时螺纹连接受到预紧力的作用。对于重要的螺纹连接，应控制其预紧力，因为预紧力的大小对螺纹连接的可靠性、强度和密封性均有很大影响。

一、计算拧紧力矩

螺纹连接的拧紧力矩 T 等于克服螺旋副相对转动的阻力矩 T_1 和螺母支承面上的摩擦阻力矩 T_2（如图 5–1–2 所示）之和，即

$$T = T_1 + T_2 = \frac{F_0 d_2}{2}\tan(\psi + \rho_v) + f_c F_0 r_f \qquad (5\text{–}1\text{–}1)$$

式中，F_0 为轴向力（N），对于不承受轴向工作载荷的螺纹，F_0 即预紧力；d_2 为螺纹中径（mm）；f_c 为螺母与被连接件支承面之间的摩擦系数，无润滑时可取 $f_c=0.15$；$r_f \approx \frac{d_w + d_0}{4}$，其中 d_w 为螺母支承面的外径（mm），d_0 为螺栓孔直径（mm）。

对于 M10 ~ M68 的粗牙螺纹，若取 $f_v = \tan\rho_v = 0.15$，$f_c = 0.15$，则

笔记

式（5-1-1）可简化为

$$T \approx 0.2F_0 d\ (\mathrm{N \cdot mm}) \qquad (5\text{-}1\text{-}2)$$

式中，d 为螺纹公称直径（mm）；F_0 为预紧力（N）。

F_0 值是由螺纹连接的要求来决定的，为了充分发挥螺栓的工作能力和保证预紧可靠，螺栓的预紧应力一般可达到材料屈服极限的 50% ~ 70%。

小直径的螺栓在装配时应施加小的拧紧力矩，否则就容易将螺栓杆拉断。对重要的有强度要求的螺栓连接，如无控制拧紧力矩的措施，不宜采用小于 M12 的螺栓。

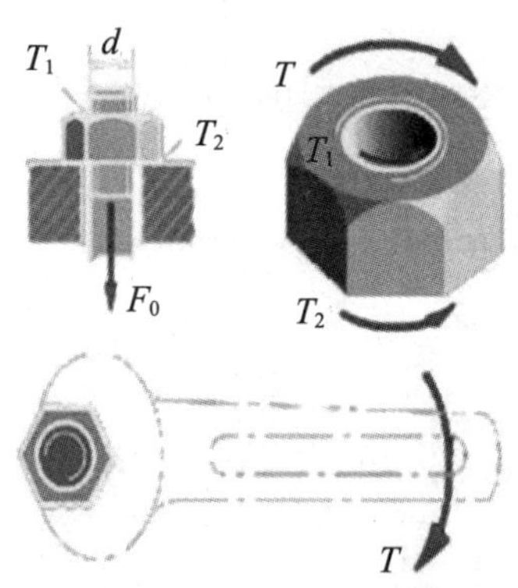

图 5-1-2　拧紧螺纹的摩擦阻力矩

通常螺纹连接拧紧的程度是凭工人经验来决定的。为了能保证装配质量，重要的螺纹连接应按计算值控制拧紧力矩。

小批量生产时可使用带指针刻度的测力矩扳手，如图 5-1-3 所示。大量生产多采用风扳机，当输出力矩达到所调节的额定值时，离合器便会打滑而自动脱开，并发出响声，如图 5-1-4 所示。

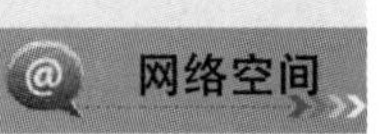

网络空间

参考教学资源单元五任务 5.1 教学录像。

图 5-1-3　测力矩扳手　　图 5-1-4　风扳机

二、分析螺纹连接防松措施

一般来说，连接用的三角形螺纹都具有自锁性，在静载荷和工作温度变化不大时不会自动松脱。但在冲击、振动和变载荷作用下，预紧力可能在某一瞬时消失，连接仍有可能松脱。高温的螺纹连接，由于温度变形差异等原因，也可能发生松脱现象，因此设计时必须考虑防松。

螺纹连接防松的根本问题在于防止螺旋副的相对转动。防松的方法很多，现将常用的几种列于表 5-1-3 中。

表 5-1-3　螺纹常用的防松方法

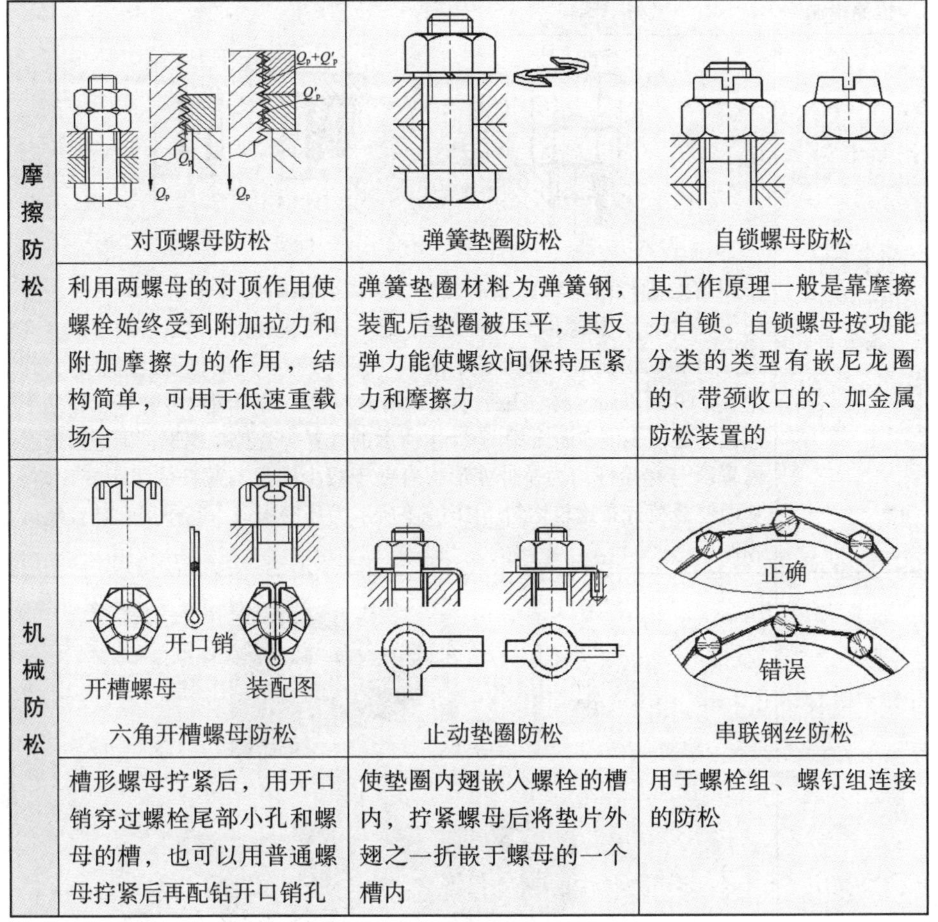

摩擦防松	对顶螺母防松	弹簧垫圈防松	自锁螺母防松
	利用两螺母的对顶作用使螺栓始终受到附加拉力和附加摩擦力的作用，结构简单，可用于低速重载场合	弹簧垫圈材料为弹簧钢，装配后垫圈被压平，其反弹力能使螺纹间保持压紧力和摩擦力	其工作原理一般是靠摩擦力自锁。自锁螺母按功能分类的类型有嵌尼龙圈的、带颈收口的、加金属防松装置的
机械防松	六角开槽螺母防松	止动垫圈防松	串联钢丝防松
	槽形螺母拧紧后，用开口销穿过螺栓尾部小孔和螺母的槽，也可以用普通螺母拧紧后再配钻开口销孔	使垫圈内翅嵌入螺栓的槽内，拧紧螺母后将垫片外翅之一折嵌于螺母的一个槽内	用于螺栓组、螺钉组连接的防松

笔记

网站

观看教材网站：单元五任务 5.1 教学视频。

做一做

请同学们讨论一下，对顶螺母防松，两个螺母选择的厚度一样吗？如果不一样，是厚度大的放在上面，还是厚度小的放在上面？

三、分析影响螺栓连接强度的因素

笔记

影响螺栓强度的因素和提高强度的措施如表 5-1-4 所示。

表 5-1-4　影响螺栓强度的因素和提高强度的措施

影响因素和提高措施	图例及说明
改善螺纹牙间的载荷分布	加厚螺母 普通螺母 （a）（b）（c） 采用普通螺母时，轴向载荷在旋合螺纹各圈间的分布是不均匀的，如图（a）所示，从螺母支承面算起，第一圈受载最大，以后各圈递减。理论分析和试验证明，旋合圈数越多，载荷分布不均的程度也越显著，到第 8 ~ 10 圈以后，螺纹几乎不受载荷。所以，采用圈数多的厚螺母并不能提高连接强度。若采用图（b）所示的悬置（受拉）螺母，则螺母锥形悬置段与螺栓杆均为拉伸变形，有助于减少螺母与螺杆的螺距变化差，从而使载荷分布比较均匀。图（c）所示为环槽螺母，其作用和悬置螺母相似
减少螺栓的应力变化幅度	（a）（b）（c） （d）（e） 对于轴向变载荷的紧螺栓连接，应力变化幅度是影响其疲劳强度的重要因素，应力变化幅度越小，疲劳强度越大。减小螺栓的刚度 c_1 或增大被连接件的刚度 c_2，均能使应力变化幅度减小。这对防止螺栓的疲劳损坏十分有利。 为了减小螺栓刚度，可减小螺栓光杆部分直径［如图（a）所示］、采用空心螺杆［如图（b）所示］，或者利用弹性元件［如图（c）所示］，有时也可增加螺栓的长度。 虽被连接件本身的刚度较大，但有时被连接件的结合面因需要密封而采用软垫片时将降低其刚度。若采用金属薄片［如图（d）所示］或采用 O 形密封圈［如图（e）所示］作为密封元件，则仍可保持被连接件原来的刚度值

笔记

续表

影响因素和提高措施	图例及说明
改善应力集中	(a)　(b)　(c) 螺纹的牙根、收尾、螺栓头部与螺栓杆的交接处都有应力集中。适当加大牙根圆角半径、在螺纹收尾处加工出退刀槽等。如图所示，增大过渡圆角［如图（a）所示］、切制卸载槽［如图（b）、（c）所示］都是使螺栓截面变化均匀、减小应力集中的有效方法
避免或减小附加应力	Q_p　e　Q_p　Q_p　e　Q_p　Q_p　e　Q_p (a)　(b)　(c)　(d) (e)　(f)　(g)　(h) 由于设计、制造或安装上的疏忽，有可能使螺栓受到附加弯曲应力［图（a）、（b）、（c）、（d）所示］，这对螺栓疲劳强度的影响很大，应设法避免。例如，在铸件或锻件等未加工表面上安装螺栓时常采用凸台或沉头座等结构，经切削加工后可获得平整的支承面［如图（e）、（f）所示］；或者通过使用斜垫圈、球面垫圈［如图（g）、（h）所示］
其他方法	除上述方法外，在制造工艺上采取冷墩头部和碾压螺纹的螺栓，其疲劳强度比车制螺栓约高 30%，氰化、氮化等表面硬化处理也能提高疲劳强度

步骤三　设计单个螺栓连接

想一想

螺栓连接都是成组使用的，为什么要进行单个螺栓强度的计算呢？

笔记

相关知识

一、分析螺栓主要失效形式及设计准则

1. 螺栓的主要失效形式

（1）螺栓杆拉断。

（2）螺纹压溃和剪断。

（3）滑扣现象。

2. 设计准则

螺栓与螺母的螺纹牙及其他各部分尺寸是根据等强度原则及使用经验规定的。采用标准件时，这些部分都不需要进行强度计算。所以螺栓连接的计算主要是确定螺纹小径 d_1，然后按照标准选定螺纹公称直径（大径）d 及螺距 P 等。

二、选择螺纹连接件材料

1. 螺纹连接件的常用材料

一般条件下螺纹连接件的常用材料为低碳钢和中碳钢，如 Q215、Q235、15、35 和 45 钢等；受冲击、振动和变载荷作用的螺纹连接件可采用合金钢，如 15Cr、40Cr、30CrMnSi 和 15CrVB 等；有防腐、防磁、导电、耐高温等特殊要求时采用 1 Cr13、2 Cr13、CrNi2、1 Cr18Ni9Ti 和黄铜 H62、HPb62 及铝合金等。

2. 螺纹连接件常用材料的力学性能（如表 5-1-5 所示）

表 5-1-5　螺纹连接件常用材料力学性能

[摘自（GB700—88）、（GB699—88）、（GB3077—88）]

（MPa）

钢　号	Q215(A2)	Q235(A3)	35	45	40Cr
强度极限	335 ~ 410	375 ~ 460	530	600	980
屈服极限 d 为 16 ~ 100mm	185 ~ 215	205 ~ 235	315	355	785

注：螺栓直径 $d \leqslant 16$mm，取偏高值。

三、分析螺栓连接的许用应力

螺栓连接的许用应力$[\sigma]$和安全系数 S 如表 5-1-6 和表 5-1-7 所示。

笔记

表 5-1-6　螺栓连接的许用应力和安全系数

连接情况	受载情况	许用应力和安全系数
松连接	轴向静载荷	$[\sigma]=\dfrac{\sigma_s}{S}$，$S=1.2\sim1.7$（未淬火钢取最小值）
紧连接	轴向静载荷 横向静载荷	$[\sigma]=\dfrac{\sigma_s}{S}$，控制预紧力时，$S=1.2\sim1.5$； 不控制预紧力时，$S$ 查表 5-1-7
铰制孔用螺栓连接	横向静载荷	$[\tau]=\dfrac{\sigma_s}{2.5}$ 被连接件为钢时，$[\sigma_p]=\dfrac{\sigma_s}{1.25}$； 被连接件为铸铁时，$[\sigma_p]=\dfrac{\sigma_B}{2\sim2.5}$
	横向变载荷	$[\tau]=\dfrac{\sigma_s}{3.5\sim5}$ $[\sigma_p]$按静载荷的$[\sigma_p]$值降低 20% ~ 30%

表 5-1-7　紧螺栓连接的安全系数 S（不控制预紧力）

材　料	静　载　荷			变　载　荷	
	M6 ~ M16	M16 ~ M30	M30 ~ M60	M6 ~ M16	M16 ~ M30
碳素钢	4 ~ 3	3 ~ 2	2 ~ 1.3	10 ~ 6.5	6.5
合金钢	5 ~ 4	4 ~ 2.5	2.5	7.5 ~ 5	5

四、设计螺栓连接

1. 设计松螺栓连接

松螺栓连接装配时不需要把螺栓拧紧，在承受工作载荷前，除有关零件的自重（自重一般很小，强度计算时可以略去）外，连接并不受力。图 5-1-5 所示吊钩尾部的连接是其应用实例。

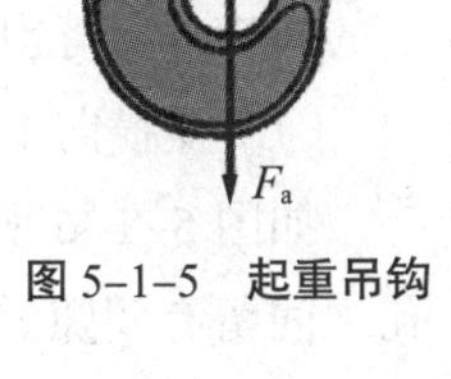

图 5-1-5　起重吊钩

网站

观看教材网站：单元五任务 5.1　教学视频。

当承受轴向工作载荷 F_a（N）时，其强度条件为

$$\sigma=\frac{F_a}{\dfrac{\pi d_1^2}{4}}\leqslant[\sigma] \tag{5-1-3}$$

式中，d_1 为螺纹的小径（mm）；$[\sigma]$为许用应力（MPa）。

由上式得设计公式为

$$d_1\geqslant\sqrt{\frac{4F_a}{\pi[\sigma]}} \tag{5-1-4}$$

计算得出 d_1 后，再从有关设计手册中查得螺纹的公称直径 d。

笔记

2. 设计紧螺栓连接

紧螺栓连接装配时需要拧紧，在工作状态下可能还需要补充拧紧。设拧紧螺栓时螺杆承受的轴向拉力为 F_a（不承受轴向工作载荷的螺栓，F_a 即预紧力）。这时螺栓危险截面（即螺纹小径 d_1 处）除受拉力 $\sigma=\dfrac{F_a}{\pi d_1^2/4}$ 外，还受到螺纹力矩 T_1 所引起的扭切应力为

$$\tau=\frac{T_1}{\pi d_1^3/16}=\frac{F_a\tan(\psi+\rho_v)\cdot d_2/2}{\pi d_1^3/16}$$
$$=\frac{2d_2}{d_1}\tan(\psi+\rho_v)\frac{F_a}{\pi d_1^2/4}$$

对于 M10 ~ M68 的普通螺纹，取 d_2、d_1 和 ψ 的平均值，并取 $\tan\sigma_v=f_v=0.15$，得 $\tau\approx0.5\sigma$。按照第四强度理论，当量应力 σ_e 为

$$\sigma_e=\sqrt{\sigma^2+3\tau^2}=\sqrt{\sigma^2+3(0.5\sigma)^2}\approx1.3\sigma$$

因此，螺栓螺纹部分的强度条件为

$$\frac{1.3F_a}{\pi d_1^2/4}\leqslant[\sigma] \tag{5-1-5}$$

式中，$[\sigma]$为螺栓的许用应力（MPa）。

设计公式为

$$d_1\geqslant\sqrt{\frac{4\times1.3F_a}{\pi[\sigma]}} \tag{5-1-6}$$

式中，$[\sigma]$为紧螺栓连接许用拉应力（MPa）。

由此可见，紧螺栓连接的强度也可按纯拉伸计算，但考虑螺纹摩擦力矩下的影响，需将预紧力增大 30%。

（1）受横向工作载荷的螺栓强度计算。

如图 5-1-6 所示，承受垂直于螺栓轴线的横向工作载荷 F，图中螺栓与孔之间留有间隙。工作时，若结合面内的摩擦力足够大，则被连接件之间不会发生相对滑动。因此，螺栓所需的轴向力应为

$$F_a=F_0\geqslant\frac{CF}{mf} \tag{5-1-7}$$

式中，F_0 为预紧力；C 为可靠性系数，通常 $C=1.1\sim1.3$；m 为结合面数目；f 为结合面摩擦系数，对于钢或铸铁连接件可取 $f=0.1\sim0.15$。求出 F_a 值后，可按式（5-1-7）计算螺栓强度。

笔记

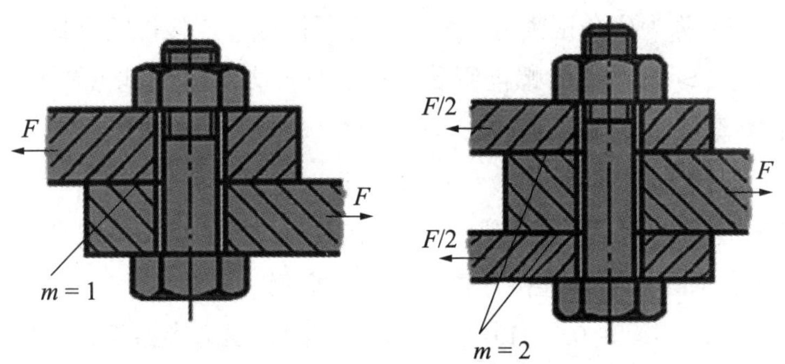

图 5-1-6　受横向载荷的螺栓连接

从式（5-1-7）来看，当 $f = 0.15$，$C = 1.2$，$m = 1$ 时。$F_0 = 8F$。即预紧力为横向工作载荷的 8 倍，所以螺栓连接靠摩擦力来承担横向载荷时，其尺寸较大，因此应设法避免这种结构，而采用新结构。

（2）受轴向工作载荷的螺栓强度计算。

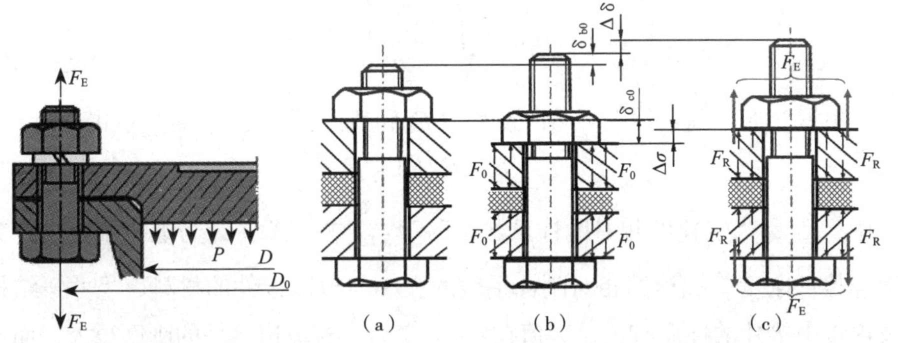

图 5-1-7　汽缸盖螺栓连接　　　　图 5-1-8　螺栓的受力与变形

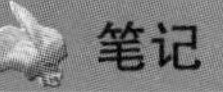

网站

观看教材网站：单元五任务 5.1 教学视频。

这种受力形式的紧螺栓连接应用最广，也是最重要的一种连接形式。如图 5-1-7 所示为汽缸盖的螺栓连接，其每个螺栓承受的平均轴向工作载荷为

$$F_E = \frac{p\pi D^2}{4z}$$

式中，p 为汽缸内气压（Pa）；D 为缸径（mm）；z 为螺栓数。

如图 5-1-8 所示为汽缸盖螺栓组中一个螺栓连接的受力与变形情况。假定所有零件材料都服从胡克定律，零件中的应力没有超过比例极限。如图 5-1-8（a）所示为螺栓未被拧紧，螺栓与被连接件均不受力时的情况。如图 5-1-8（b）所示为螺栓被拧紧后，被连接件受预紧压力 F_0 的作用而产生压缩变形 δ_{c0} 的情况。如图 5-1-8（c）所示为螺栓受到轴向外载荷（由汽缸内压力而引起）F_E 作用时的情况，螺栓被拉伸，变形增量为 $\Delta\delta$，根据变形协调条件，$\Delta\delta$ 即等于被连接件压缩变形的减少量。此时被连接件受到的压缩力将

笔记

减少为 F_R，F_R 称为残余预紧力。显然，为了保证被连接件间密封可靠，应使 $F_R>0$，即 $\delta_{c0}>\Delta\delta$。此时螺栓所受的轴向总拉力 F_a 应为其所受的工作载荷 F_E 与残余预紧力 F_R 之和，即

$$F_a=F_E+F_R \tag{5-1-8}$$

不同的应用场合，对残余预紧力 F_R 有着不同的要求，一般参考以下经验数据来确定：对于一般的连接，若工作载荷稳定，F_R 取（0.2 ~ 0.6）F_E；若工作载荷不稳定，F_R 取（0.6 ~ 1.0）F_E。对于汽缸、压力容器等有紧密性要求的螺栓连接，F_R 取（1.5 ~ 1.8）F_E。

当选定残余预紧力 F_R 后，即可按式（5-1-8）求出螺栓所受的总拉力 F_a，同时考虑到可能需要补充拧紧及扭转剪应力的作用，将 F_a 增加 30%，则螺栓危险截面的拉伸强度条件为

$$\sigma=\frac{1.3F_a}{\pi d_1^2/4}\leqslant[\sigma] \tag{5-1-9}$$

设计公式为

$$d_1\geqslant\sqrt{\frac{4\times1.3F_a}{\pi[\sigma]}} \tag{5-1-10}$$

根据变形协调条件，可导出预紧力 F_0 和残余预紧力 F_R 的关系式为

$$F_R=F_0-F_E(1-K_c) \tag{5-1-11}$$

式中，K_c 称为螺栓的相对刚性系数，$K_c=\frac{c_1}{c_1+c_2}$，其中 c_1 为螺栓刚度，c_2 为被连接件刚度。螺栓的相对刚性系数的大小与被连接件的材料、尺寸、结构及连接中垫片的性质有关，其值在 0 ~ 1 变动。若被连接件的刚度很大，而螺栓的刚度很小，则 K_c 趋于零；反之，趋于 1。为了降低螺栓的受力，提高螺栓的承载能力，应使 K_c 值尽量减小。当被连接件为钢铁零件时，K_c 值可根据垫片材料的不同采用下列数据：金属垫片或无垫片 0.2 ~ 0.3，皮革垫片 0.7，铜皮石棉垫片 0.8，橡胶垫片 0.9。

（3）设计铰制孔螺栓连接。

这种螺栓连接是靠螺栓杆的剪切和螺栓杆与被连接件之间的挤压来承受横向载荷的（如图 5-1-9 所示）。其失效形式是螺栓杆受剪面被剪断以及螺栓杆与被连接件中较弱材料的挤压面被压溃。由于装配时只需对螺栓施加较小的预紧力，因此可以忽略预紧力和螺纹间摩擦力矩的影响。因此，连接的强度条件为

$$\tau=\frac{F_\tau}{\frac{m\pi d_s^2}{4}}\leqslant[\tau] \tag{5-1-12}$$

$$\sigma_p=\frac{F_\tau}{d_s h}\leqslant[\sigma_p] \tag{5-1-13}$$

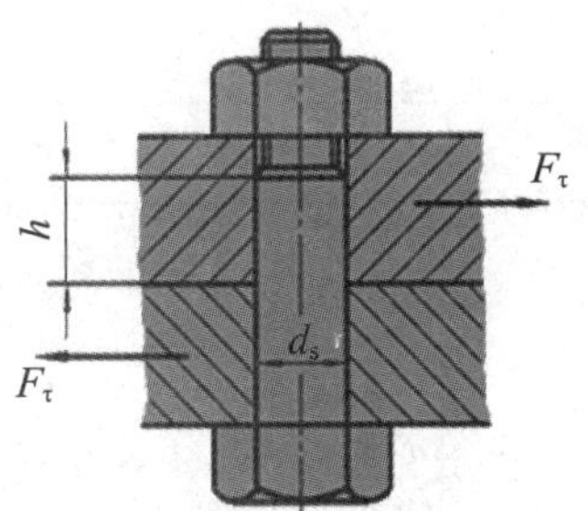

图 5-1-9　铰制孔螺栓连接

式中，F_τ 为单个螺栓所受的横向载荷（N）；d_s 为螺杆受剪面（即光杆部分）的直径（mm）；m 为螺杆受剪面的数目；h 为螺栓杆与被连接件孔壁挤压面的最小高度（mm）；$[\tau]$为螺杆的许用剪切应力（MPa）；$[\sigma_p]$为螺杆或被连接件的许用挤压应力（MPa）。

做一做

减速器中的四种螺纹连接是按照什么方式进行设计校核的呢？

步骤四　设计螺栓组连接

螺栓组连接的结构设计如表 5-1-8 所示。

表 5-1-8　螺栓组连接的结构设计

设计原则	图　例	说　明
要设计成轴对称、形状简单的几何形状		螺栓对称布置，连接接合面受力均匀，便于加工制造
螺栓的布置应使螺栓的受力合理	倾覆力矩 旋转力矩 旋转力矩 螺栓布置合理 螺栓布置不合理	受倾覆力矩或旋转力矩作用，应使螺栓的位置适当靠近接合面的边缘，以减少螺栓受力

笔记

续表

<table>
<tr><th>设计原则</th><th>图　例</th><th>说　明</th></tr>
<tr><td>螺栓的布置应有合理的间距、边距</td><td>螺栓间距 t_0
<table>
<tr><td rowspan="4"></td><td colspan="6">工作压力 /MPa</td></tr>
<tr><td>≤ 1.6</td><td>1.6 ~ 4</td><td>4 ~ 10</td><td>10 ~ 16</td><td>16 ~ 20</td><td>20 ~ 30</td></tr>
<tr><td colspan="6">t_0（mm）</td></tr>
<tr><td>7d</td><td>4.5d</td><td>4.5d</td><td>4d</td><td>3.5d</td><td>3d</td></tr>
</table></td><td>—</td></tr>
<tr><td>分布在同一圆周上的螺栓数目，应取成 4、6、8 等偶数</td><td></td><td>为便于在圆周上钻孔时的分度和画线，另外同一螺栓组紧固件形状、尺寸、材料应尽量一致</td></tr>
<tr><td>避免螺栓承受附加的弯曲载荷</td><td></td><td>—</td></tr>
</table>

小知识

对一组螺栓组受力分析，就是确定螺栓组受力最大的螺栓及其所受工作载荷的大小，以便进行螺栓连接强度的计算。

做一做

查找资料，完成以下工作。

（1）对减速器上、下箱体之间的连接螺栓组进行合理布局。

（2）查减速器箱体主要结构尺寸关系表以及普通螺纹基本尺寸表，完成减速器螺纹连接的设计和选用情况。

（3）绘制一张螺栓连接简图。

手册

学习《自主学习手册》单元五任务5.1　任务拓展。

新视野

造型色彩设计技术

随着工业技术的高度发展，色彩在造型设计中越来越显示出其重要性。未来产品的形体在不断简化，并以色彩来界定形状，以色彩的流动表现产品的个性，显示出色彩的独特魅力。我们知道，色彩是一种富于象征性的元素符号，它在人类社会活动中扮演着一个重要的角色，就色彩自身而言，它是没有感情的，一旦色彩与人们的生活发生联系之后，成了人们表达情感的工具。在产品造型设计中，色彩运用于产品，就如同服装运用于人体，因为产品设计除了要满足人们的使用需求外，还反映出设计者与使用者的审美情趣和文化素养。

造型设计领域中的色彩，主要是用来美化产品的，色彩作为设计的一个重要构成要素，也被用来传达产品功能的某些信息。色彩在整个产品的形象中，最先作用于人的视觉感受，可以说是“先声夺人”。产品色彩如果处理得好，可以协调或弥补造型中的某些不足，使之如花似锦，更加完美，很容易博得消费者的青睐，进而收到事半功倍的效果。如果产品的色彩处理不当，则不但影响产品功能的发挥，破坏产品造型的整体美，而且很容易破坏人的情绪，使人出现一些枯燥、沉闷、冷漠，甚至沮丧，分散了操作者的注意力，降低了工作效率。所以，产品造型中的色彩设计是一项不容忽视的重要工作，其色调的选择是至关重要的。

笔记

巩固与拓展

一、知识巩固

根据本任务知识脉络图，梳理自己所掌握的知识体系，并与同学相互交流、研讨个人对螺纹连接的理解。

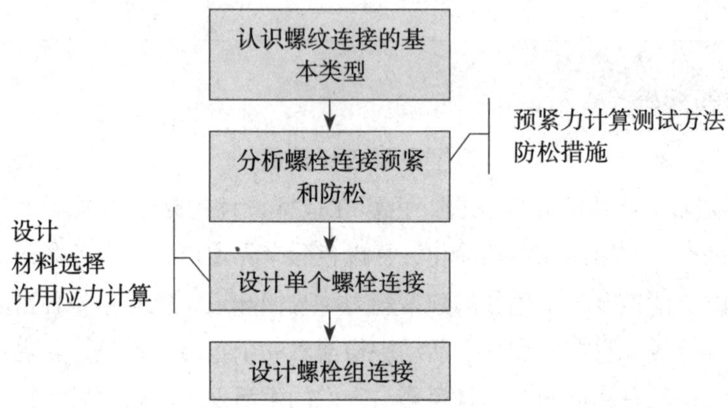

二、拓展任务

根据任务 5.1 的学习步骤及方法，利用所学知识，完成自主学习手册中其他学习任务。

笔记

任务 5.2 键连接的设计

任务目标

通过学习本任务，学生应达到以下目标：

□ 了解键连接功能、分类；

□ 掌握键连接结构形式；

□ 掌握键的选择原则；

□ 掌握键连接强度计算。

网站

观看教材网站：单元五任务 5.2 教学视频。

任务描述

● 任务内容

已知减速器中直齿圆柱齿轮安装在轴的两个支承点间。齿轮和轴的材料都是锻钢，用键构成静连接。齿轮的精度等级为 7 级，装齿轮处轴的直径 d=70mm，齿轮轮毂长度 L=100mm，需传递的扭矩 T=2200N·m，载荷有轻微冲击。试设计此键连接。

● 实施条件

□ 计算器、机械设计手册等。

□ A4 图纸 1 张、减速器的三维模型。

程序与方法

步骤一　认识键连接

手册

完成《自主学习手册》单元五任务 5.2 学习导引。

相关知识

键常用于连接轴和轴上零件，实现轴向固定以及传递运动和转矩的作用。根据结构，键连接可分为普通键连接和花键连接。键连接的类型如表 5-2-1 所示。

笔记

表 5-2-1　键连接的类型

分类	连接特点	图　例	说　明
普通平键	平键的上、下两面和两个侧面都互相平行。工作时靠键与键槽侧面的挤压来传递转矩，故键的两个侧面是工作面，键的上表面与轮毂槽底之间留有间隙。 具有对中性好、装拆方便、结构简单等优点。但它不能承受轴向力，对轴上零件不能起到轴向固定的作用	A 型 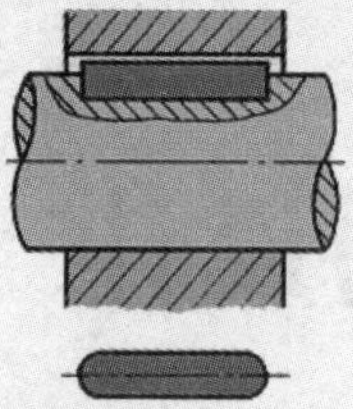 B 型 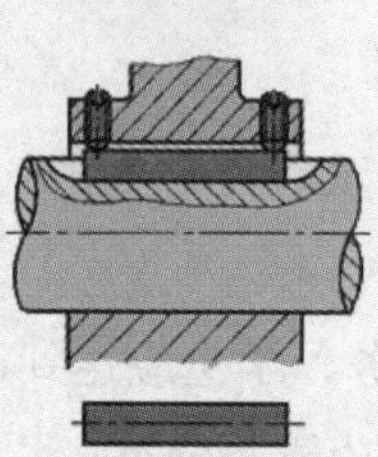 C 型 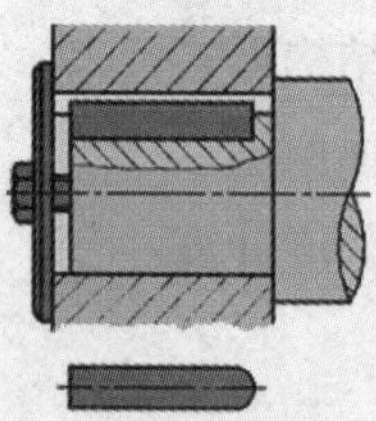	主要尺寸是键长 L、键宽 b 和键高 h。端部形状有圆头（A 型）、平头（B 型）和单圆头（C 型）三种。A 型键应用最广，C 型键一般用于轴端
导向平键	导向平键是一种较长的平键，用螺钉固定在轴上，为了使键拆卸方便，在键的中部制有起键螺孔。键与轮毂采用间隙配合，轴上零件能做轴向滑动	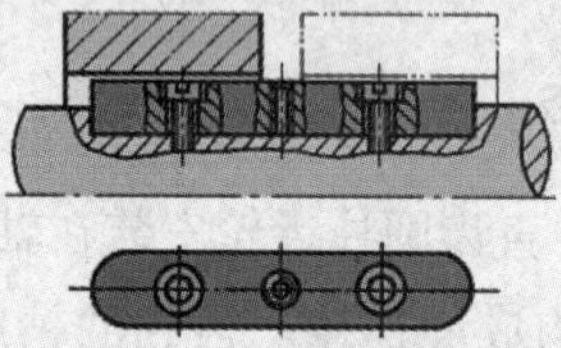	适用于移动距离不大的场合，如变速箱中的滑移齿轮与轴的连接
滑键	滑键固定在轴上零件的轮毂槽中，并随同零件在轴上的键槽中滑移	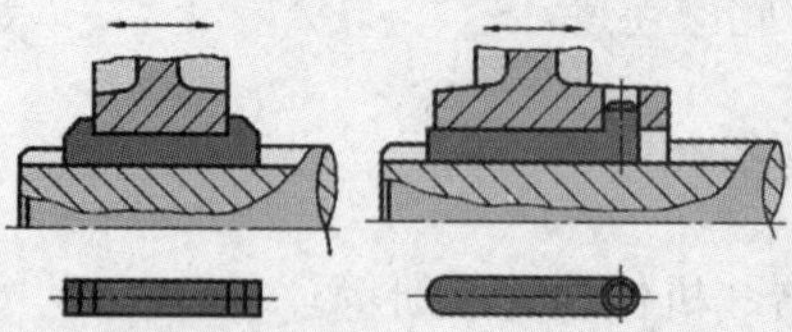	适用于轴上零件滑移距离较大的场合，如台钻主轴与带轮的连接
半圆键连接	半圆键连接靠键的两个侧面传递转矩，故其工作面为两侧面。上键槽用尺寸与半圆键相同的圆盘铣刀加工，因而键在槽中能绕其几何中心摆动，以适应轮毂槽由于加工误差所造成的斜度	 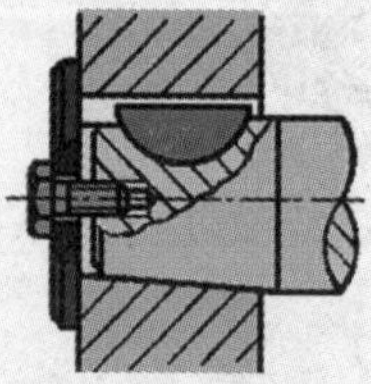 b	一般用于轻载场合的连接，特别适用于锥形轴与轮毂的连接

笔记

续表

分类	连接特点	图　例	说　明
楔键连接	楔键连接中键的上、下两表面是工作面，键的上表面和轮毂键槽底面均有1:100的斜度，装配后，键即楔紧在轴和轮毂的键槽内，工作表面产生很大预紧力。楔键分为普通楔键和钩头楔键两种	拆卸空间　轮毂斜度1:100　安装时用力打入　斜度1:100　普通楔键　钩头楔键　f_N　N　e　T　d	楔键连接对中性能差，在冲击、振动或变载荷作用下容易发生松脱
切向键	切向键连接由两个普通楔键组成。装配时两个键分别自轮毂两端楔入，使两键以其斜面互相贴合，共同楔紧在轴毂之间。切向键的工作面是上、下互相平行的窄面，其中一个窄面在通过轴心线的平面内，使工作面上产生的挤紧力沿轴的切线方向作用，故能传递较大转矩	窄面（工作面）　斜度1:100　120°~130°　d　T　（a）　（b）	切向键连接，对轴的削弱较严重，且对中性差，常用于轴径较大（$d>100$mm）、精度要求不高、转速较低和载荷较大的场合
花键	花键连接是平键在数量上发展和质量上改善的一种连接，它由轴上的外花键和毂孔的内花键组成，如图所示，工作时靠键的侧面互相挤压传递转矩	带内花键的齿轮　外花键	花键连接多用于载荷较大、定心精度要求较高的连接中，如汽车、机床、飞机等机器中

网络空间

参考教学资源单元五任务5.2助学课件。

做一做

分析减速器中所用的键连接，并判断该键连接的类型。

步骤二　选择键连接的依据

想一想

如果已知轴的直径，如何选择平键的尺寸呢？

笔记

相关知识

键的选择包括类型选择和尺寸选择两个方面。键的类型应根据键连接的结构特点、使用要求和工作条件来选择。

一、键的尺寸选择依据

根据轴的直径 d 从标准中选择键的宽度 b、高度 h。键的长度 L 根据轮毂长度确定，键长应比轮毂长度小 5 ~ 10mm，并符合标准中规定的长度系列（如表 5–2–2 所示）。导向平键的键长则按轮毂长度及轴上零件的滑动距离而定，所选键长也应符合标准规定的长度系列。

表 5–2–2　普通平键的主要尺寸

（mm）

轴径 d	＞10 ~ 12	＞12 ~ 17	＞17 ~ 22	＞22 ~ 30	＞30 ~ 38	＞38 ~ 44	＞44 ~ 50
键宽 b	4	5	6	8	10	12	14
键高 h	4	5	6	7	8	8	9
键长 L	8 ~ 45	10 ~ 56	14 ~ 70	18 ~ 90	22 ~ 110	28 ~ 140	36 ~ 160
轴径 d	＞50 ~ 58	＞58 ~ 65	＞65 ~ 75	＞75 ~ 85	＞85 ~ 95	＞95 ~ 110	＞110 ~ 130
键宽 b	16	18	20	22	25	28	32
键高 h	10	11	12	14	14	16	18
键长 L	45 ~ 180	50 ~ 200	56 ~ 220	63 ~ 250	70 ~ 280	80 ~ 320	90 ~ 360

注：键的长度系列：8，10，12，14，16，18，20，22，25，28，32，36，40，45，50，63，70，80，90，100，110，125，140，160，180，200，220，250，280，320，360。

二、键的标记

普通平键为标准件，其标记示例如表 5–2–3 所示。

表 5–2–3　键的标记示例

序号	名　称	键的形式	规定标记示例
1	圆头普通平键（GB/T 1096—2003）	h b L	b=8，h=7，L=25 的普通平键（A 型）： 键 8 × 25 GB/T 1096—2003

续表

序号	名　称	键的形式	规定标记示例
2	半圆键 （GB/T 1099—2003）		b=6，h=10，d_1=25，L=24.5 的半圆键： 键 6 × 25 GB/T 1099—2003
3	钩头楔键 （GB/T 1565—2003）		b=18，3=11，L=100 的钩头楔键： 键 18 × 100 GB/T 1565—2003

做一做

任务 5.2 中装齿轮处的轴的直径 d=70mm，齿轮轮毂长度 L=100mm，试选择键的尺寸大小，包括键的宽度 b、高度 h。其中，键长应比轮毂宽度小一些，并对该键进行标记。

步骤三　键连接强度计算

平键连接工作时的受力情况如图 5–2–1 所示。

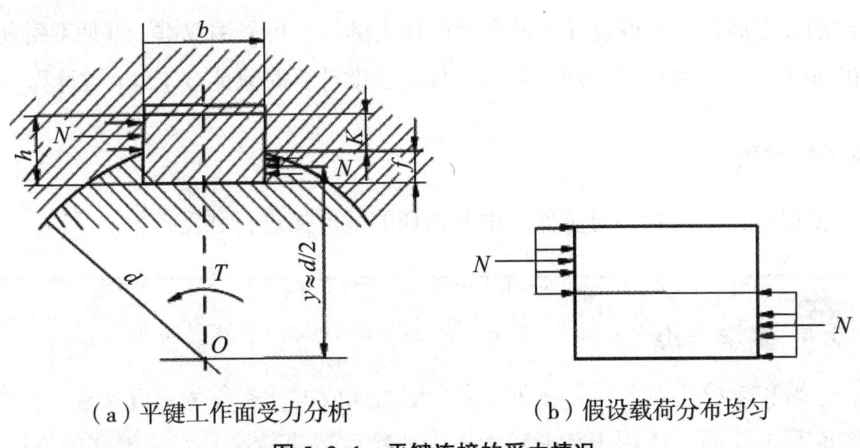

（a）平键工作面受力分析　　（b）假设载荷分布均匀

图 5–2–1　平键连接的受力情况

平键连接工作时的主要失效形式为组成连接的键、轴和轮毂中强度较弱材料表面的压溃，极个别情况下也会出现键被剪断的现象。通常只需按工作面上的挤压强度进行计算。

网络空间

参考教学资源单元五任务 5.2 教学录像。

网站

观看教材网站：单元五任务 5.2 教学视频。

笔记

假设载荷沿键的长度方向是均布的，平键连接的挤压强度条件为

$$\sigma_{jy}=\frac{4T}{dhl}\leqslant[\sigma_{jy}] \tag{5-2-1}$$

导向平键连接的主要失效形式为组成键连接的轴或轮毂工作面的部分磨损，需按工作面上的压强进行强度计算，强度条件为

$$p=\frac{4T}{dhl}\leqslant[p] \tag{5-2-2}$$

式中，T 为被固定零件传递的转矩（N·mm）；d 为轴径（mm）；h 为键的高度（mm）；l 为键的工作长度（mm），A 型键 $l=L-b$，B 型键 $l=L$，C 型键 $l=L-0.5\times b$，并且 $L\leqslant 1.6d$，以免因键过长而增大压力沿键长分布的不均匀性，而对于导向平键 l 则为键与轮毂的接触强度；$[\sigma_{jy}]$$[p]$分别为键连接中最弱材料的许用挤压应力、许用压强（MPa），按表 5-2-4 选取。

表 5-2-4　键连接的许用应力

（MPa）

应力种类	连接方式	零件材料	载荷性质		
			静载荷	轻微冲击	冲击
许用挤压应$[\sigma_{jy}]$	静连接	钢	125～150	100～120	60～90
		铸铁	70～80	50～60	30～45
许用压强［p］	动连接	钢	50	40	30

若设计的键强度不够，可以增加键的长度，但不能使键长超过 2.5d。若加大键的长度后仍不够或设计条件不允许加大键长，可采用双键，并使双键相隔 180° 布置。考虑到双键受载不均匀，故在强度计算时只能按 1.5 个键计算。

做一做

根据所介绍内容，对步骤二中所选择的键连接进行强度校核。

多学一点

轴和轮毂孔周向均匀分布的多个键齿构成的连接称为花键连接，齿的侧面是工作面，适用于载荷较大、定心精度要求较高和经常滑移的连接，如汽车和机床的变速箱等。

一、花键连接的特点

与平键连接相比，花键连接的优点如下。

① 轴上零件与轴的对中性好。

② 轴的削弱程度较轻。

③ 承载能力强。

④ 导向性好。

花键连接的缺点为花键连接的加工需专用设备，成本较高。

二、花键连接的类型

根据齿形花键可分为矩形花键和渐开线花键两种。

1. 矩形花键

如图 5-2-2 所示矩形花键的键数通常为偶数，按其传递转矩的大小，有轻系列和中系列两个尺寸系列。轻系列花键的承载能力较小，多用于静连接和轻载连接；中系列适用于载荷较大的静连接或动连接。

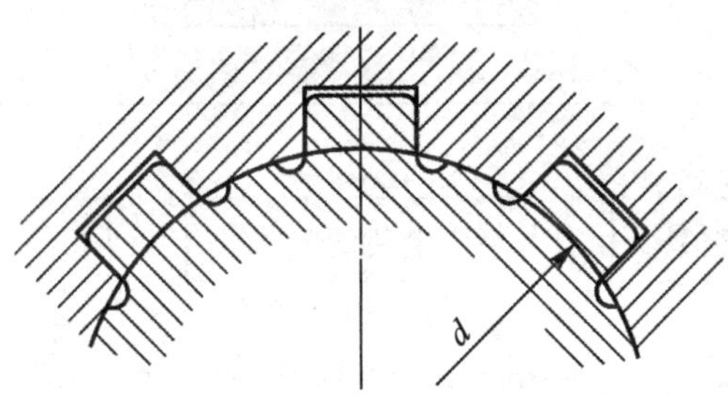

图 5-2-2 矩形花键

矩形花键采用内径定心方式，即外花键和内花键的小径 d 为配合面。其特点是定心精度高，定心稳定性好，能用磨削的方法消除热处理引起的变形。矩形花键连接应用广泛。

2. 渐开线花键

如图 5-2-3 所示为渐开线花键图。渐开线花键的齿廓为渐开线，分度圆压力角有 30° 和 45° 两种。渐开线花键可以用制造齿轮的方法来加工，工艺性较好，制造精度较高，应力集中小，易于定心，当传递的转矩较大且轴径也较大时，宜采用渐开线花键连接。

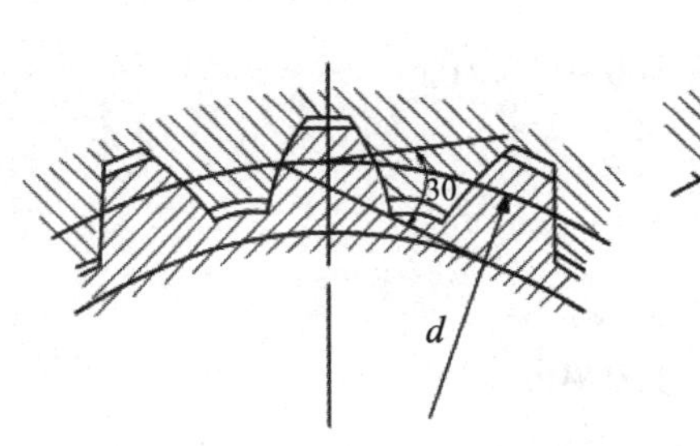

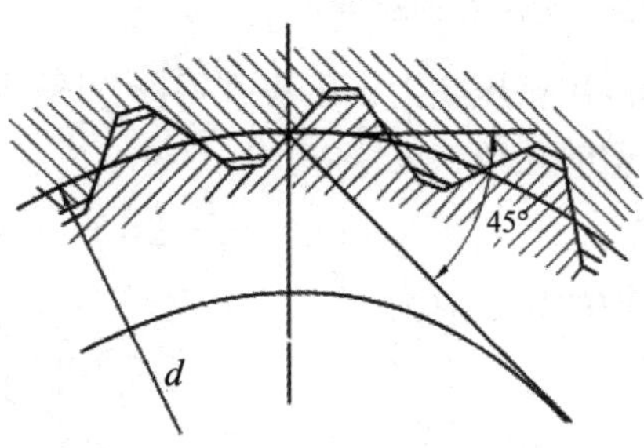

图 5-2-3 渐开线花键

笔记

网站

观看教材网站：单元五任务 5.2 教学视频。

笔记

渐开线花键的定心方式为齿形定心。当齿受载时，齿上的径向力能起到自动定心作用，有利于各齿均匀承载。

三、花键的标记

花键已标准化，其标记为：N（键数）×d（小径）×D（大径）×B（键宽）。

花键的选用方法和强度验算方法与平键连接相类似，可参考有关的机械设计手册。

步骤四　设计键连接

相关知识

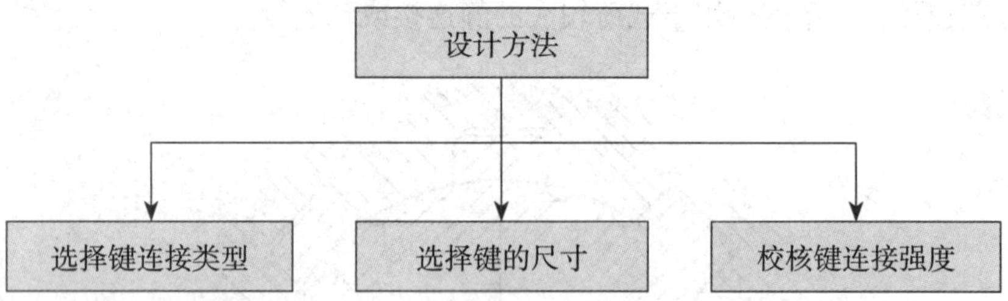

做一做

任务 5.2 中的一级减速器齿轮与轴的配合所用的是普通平键连接，试设计此键连接并校核键的强度。已知 d=45mm，齿轮轮毂宽度 B=60mm，传递的转矩 T=272857N·m，载荷有轻微冲击。

1. 选择键连接的类型

一般 8 级以上精度的齿轮有定心精度要求，应选择平键连接。由于齿轮在两支点中间，故选用 A 型普通平键。

2. 初选键的尺寸

根据 d=45mm，由标准中查得键的截面尺寸 b=14mm，h=9mm，根据轮毂的长度确定键的长度 l=9mm，符合标准系列。

3. 校核键的强度

许用挤压应力，由表查得$\left[\sigma_{jy}\right]$取 100～120MPa

键的工作长度

$$l=L-b=50-14=36\text{mm}$$

键的挤压应力

$$\left[\sigma_{jy}\right]=100\,\text{MPa}$$

笔记

由于 $\sigma_{jy}=\frac{4T}{dhl}=\frac{4\times272857}{45\times9\times36}=75\text{MPa}<[\sigma_{jy}]$，所以键安全。

A 型普通平键，b=14mm，h=9mm。

选用：键 14×50（GB 1096—2003）。

新视野

产品逆向工程设计

逆向工程是相对于正向工程而言的。一般的产品设计是根据产品的用途和功能，先有构想，再通过计算机辅助设计成图纸，通过加工制造而最后成型定产。而通常我们所说的逆向工程是根据现有的产品，并把现有的产品实物通过激光扫描和点采集等手段，获取产品的三维数据和空间几何形状，把获取的数据通过计算机专业设计软件设计成图纸，用于生产制造的过程。逆向工程设计不是简单地复制和模仿，而是运用相关手段对产品进行分析再设计等创新处理，从而使产品表现出更加优良的性能。这样可以缩短新产品的开发周期，提高设计开发效率。逆向设计的步骤如下。

· **原理方案分析**　探索原设计的工作原理和机构组成特点，同时进一步研究实现同样功能的新的原理解法是实现产品技术创新的重要步骤。原理方案分析围绕执行系统的特点，对从动力源、传动系统、测量系统、控制系统等方面逐项分析；并了解各路间的联系和接入，查证原产品是否存在不尽如人意的问题或矛盾。

· **结构分析**　结构方式不同，对功能的保证措施也不同，随之带来的是产品特点也不同；结构分析的同时要考虑提高性能、降低成本、提高安全可靠性等方面是否有改革创新的空间。

· **材料分析**　探求原设计零件材料的化学成分、结构和表面处理情况，测定材料的各种物理性能和主要的力学性能，确定材料牌号及热处理方式，必要时选择适用的替代材料。

· **形体尺寸分析**　在能够获得原产品实体或图纸的情况下，可以直接测量分析零部件形体尺寸，并用图纸表达；对于只能获得原产品图像的情况，则可通过透视法求得尺寸之间的比例，再按参照物反求原物尺寸。

· **外形分析**　造型设计和分析的基本原则是实用、经济、美观和人性化，但首先要保证功能要求工艺和精度分析。分析产品的加工过程和关键工艺，在此基础上选择合理工艺参数，确定新产品的制造工艺方法；对尺寸精度、配合精度、形位精度、表面粗糙度等进行深入分析。

笔记

- **工作性能分析和其他** 对产品的主要工作性能如强度、刚度、精度、寿命、安全等要进行试验测定，掌握其设计要求和设计规范，还要考虑产品的使用、维护、包装技术等。

在原始产品分析的基础上运用逆向工程软件进行产品的三维建模。

巩固与拓展

一、知识巩固

对照本任务知识脉络图，梳理自己所掌握的知识体系，并与同学相互交流、研讨个人对机器与机构知识点或技能技巧的理解。

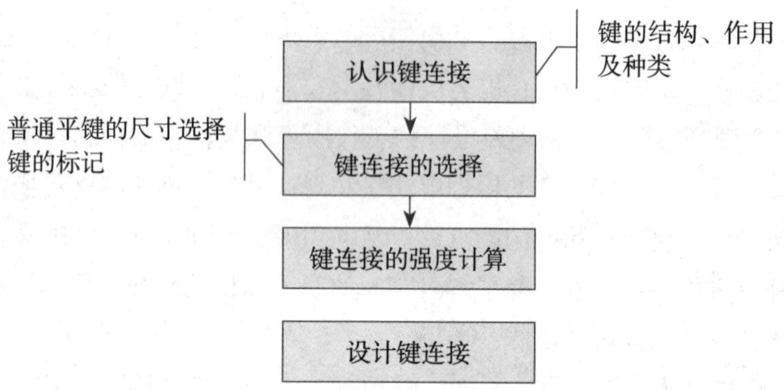

二、拓展任务

（1）根据任务5.2的工作步骤及方法，利用所学知识，完成自主学习手册中的拓展任务。

（2）查阅自主学习手册关于键连接与销连接的其他相关知识，讨论说明键连接及销连接的结构形式。

手册

完成《自主学习手册》单元五任务5.2 任务拓展。

参考文献

[1] 陈立德. 机械设计基础 [M]. 2版. 北京：高等教育出版社，2004.

[2] 杨可桢，程光蕴. 机械设计基础 [M]. 4版. 北京：高等教育出版社，1999.

[3] 王志刚. 机械设计实践与创新 [M]. 北京：高等教育出版社，1993.

[4] 丁洪生. 机械设计基础 [M]. 北京：高等教育出版社，2000.

[5] 邱宣怀. 机械设计 [M]. 4版. 北京：高等教育出版社，1997.

[6] 濮良贵，纪名刚. 机械设计 [M]. 7版. 北京：高等教育出版社，2001.

[7] 濮良贵，纪名刚. 机械设计 [M]. 6版. 北京：高等教育出版社，1996.

[8] 张建中. 机械设计基础多媒体辅助教学系统 [M]. 北京：高等教育出版社，2003.

[9] 孙恒，陈作模. 机械原理 [M]. 5版. 北京：高等教育出版社，1996.

[10] 王中发. 机械设计 [M]. 北京：北京理工大学出版社，1998.

[11] 沈乐年. 机械设计基础 [M]. 北京：清华大学出版社，1997.

[12] 陈蓉林. 机械设计应用手册 [M]. 北京：机械工业出版社，1995.

[13] 郑志祥. 机械零件 [M]. 北京：高等教育出版社，1989.

[14] 吕慧瑛. 机械设计 [M]. 成都：成都科技大学出版社，1997.

[15] 唐照民. 机械设计 [M]. 西安：西安交通大学出版社，1995.

[16] 崔国泰. 机械设计基础 [M]. 北京：机械工业出版社，1994.

[17] 机械设计手册编辑委员会. 机械设计手册（第五卷）[M]. 2版. 北京：机械工业出版社，1996.

[18] 机械设计手册编辑委员会. 机械设计手册（第六卷）[M]. 2版. 北京：机械工业出版社，1996.

[19] 陈秀宁. 机械设计基础 [M]. 杭州：浙江大学出版社，1994.

［20］李秀珍，曲玉峰. 机械设计基础［M］. 3 版. 北京：机械工业出版社，1999.

［21］黄森彬. 机械设计基础［M］. 北京：高等教育出版社，1997.

［22］黄文灿. 机械设计基础［M］. 北京：机械工业出版社，1992.

［23］邓昭铭. 机械设计基础［M］. 北京：高等教育出版社，1993.